A Message To Garcia

致加西亚的信

（美）哈伯德（Hubbard, E.） 著
文昊 编译

中国商业出版社

图书在版编目（CIP）数据

致加西亚的信 /（美）哈伯德（Hubbard,E.）著；文昊编译．—北京：中国商业出版社，2013.12

ISBN 978-7-5044-8260-0

Ⅰ．①致…　Ⅱ．①哈…　②文…Ⅲ．①职业道德－通俗读物
Ⅳ．① B822.9-49

中国版本图书馆 CIP 数据核字（2013）第 236435 号

责任编辑：张振学

中国商业出版社出版发行
010-63180647　www.c-cbook.com
（100053　北京广安门内报国寺 1 号）
新华书店总店北京发行所经销
香河县宏润印刷有限公司
*
880×1230 毫米　32 开　5.5 印张　99 千字
2014 年 1 月第 1 版　2014 年 1 月第 1 次印刷
定价：15.80 元
* * * *
（如有印装质量问题可更换）

献 辞

100年来，《致加西亚的信》以不同的方式在全世界广泛流传，成为有史以来最畅销的书籍之一。2000年被美国《哈奇森年鉴》和《出版商周刊》评选为有史以来世界最畅销图书第6名。本书所推崇的关于敬业、忠诚、勤奋的思想观念影响了一代又一代人，一个国家又一个国家。

谨以此书献给所有能把信带给加西亚的人。

前言
PREFACE

一百多年前的一个傍晚，出版家阿尔伯特·哈伯德创作了一部不朽的著作——《致加西亚的信》。这本书曾经风靡整个世界，至今仍然畅销不衰。书中主人公安德鲁·萨默斯·罗文早已经成为忠诚敬业、尽职尽责、主动服从的典型的象征。

也许有人会说，在当今这个标新立异，崇尚个性的时代，如果再有人去重提“忠诚”、“敬业”、“服从”、“信用”之类的话题则未免显得有点不合时宜。但是，毋庸置疑，时代虽然在发展，罗文身上所体现的精神却永不过时，因为它代表了维系人类社会发展和推动文明进步的古老而美好的价值观。

在现实中，对于企业的老板和公司管理者们来说，员工的忠诚、敬业、道德风险无时无刻不在警示着他们。不断变化的世界虽然给人们带来了很多美好的憧憬，但同时却也带走了许多有价值的东西，其中就包括那些经济发展所依赖的基本的商业精神——忠诚、勤奋和敬业等。

工作中，许多年轻人常常以玩世不恭的态度对待自己的工作，对待自己的人生。他们要么不以为然，消极懈怠；要么投机取巧，频繁跳槽。他们总是认为自己在为别人打工，是在出卖自己的劳动力，他们把忠诚和敬业视为老板愚弄和剥削下属的手段。这种病态的执业心理如同瘟疫一样在各类组织中蔓延，严重地阻碍了社会的发展和进步。

只有才华，没有责任心，缺乏敬业精神，我们是否真的能够心想事成？答案是否定的，因为在现实世界里，可以说到处都能看到有才华的穷人。他们贫穷的原因就在于他们忽视了人类社会运行的一个基本法则：互惠双赢。他们不知道忠诚才会获得信任，付出才会获得回报的道理。

本书的主人公安德鲁·萨默斯·罗文在接到麦金利总统的任务——给加西亚将军送一封决定战争命运的信后，他没有提出任何疑问，而是以其绝对的忠诚、责任感和创造奇迹的主动性完成了一件看似“不可能完成的任务”。罗文中尉也因此获得杰出军人勋章，他的事迹在全世界广为流传，并在生前身后赢得了无数人的崇敬。而“送信”则早已成为一种象征，成为人们敬业、忠诚、主动和荣誉的象征。

无疑，在现代企业中也有很多“把信送给加西亚”的任务，所有组织的管理者，无论是企业的老板，还是机关的领导，相信看到这本书都会深有体会地发出这样的感慨——“到哪里能找到‘把信送给加西亚’的人？”因为，任何组织要想获得成功，其成员的主动性、责任感、敬业和忠诚度都是至关重要的。如果你能像罗文一样忠诚敬业、尽职尽责、自动自发，那么任何一个老板都会视你为企业的栋梁，自然你也会获得更为广阔的发展空间。

经历了100多年的历史考验，《致加西亚的信》依然是历史上最伟大的作品之一。它曾经被无数次印刷、复印，发给士兵、公务员、公司职员和所有的人。

今天，我要再一次把这本书推荐给每个人，愿更多人能够看到这本书，愿社会出现更多像罗文中尉那样的人！

原出版者序

阿尔伯特·哈伯德，美国纽约Roycrofters出版社创始人和总裁，他坚强刚毅，是一位极其坚定的个人主义者。终其一生，他都在坚持不懈地勤奋工作。惟一让人遗憾的是，他的生命消逝得太快了：1915年，德国水雷击沉了在海上航行的“路西塔尼亚”号轮船，哈伯德夫妇在这一事故中不幸罹难，从而过早地结束了其辉煌的事业。

阿尔伯特·哈伯德于1859年出生于伊利诺伊州的布鲁明顿——后来这个地方因为Roycrofters出版社所印刷、出版的优秀出版物而闻名于世。在经营这家出版社的那段时期，阿尔伯特·哈伯德曾主办了《菲士利人》和《兄弟》两本杂志。实际上，这两本杂志中大部分文章的撰写工作都是由哈伯德一人独立完成。哈伯德兴趣广泛，执业经历丰富，曾经做过教师、编辑、出版商和演说家，而且让人称奇的是他在演讲台上所取得的成就也一点不亚于他在写作和出版上所取得的成绩。

1899 年，哈伯德根据安德鲁·萨默斯·罗文的英勇事迹，创作了鼓舞人心的《致加西亚的信》。从第一次出版时开始，《致加西亚的信》就受到了异常热烈的欢迎。这也是连作者自己都始料不及的。

故事中那个名叫安德鲁·萨默斯·罗文的送信人，是一名年轻的美国陆军中尉。时值美西战争（1898 年 4 月至 12 月美国与西班牙之间争夺殖民地的战争）即将爆发之际，美国总统麦金利急需派一名合适的人员去完成一项极为重要的任务——将一封密信交给古巴将军加西亚。很快，军事情报局就给总统推荐了一个人选：安德鲁·萨默斯·罗文中尉。

接到命令后，在没有任何护卫的情况下，罗文中尉立刻出发了，一直到他秘密登陆古巴岛，古巴的爱国者们才给他派来了几名当地的向导，最终完成任务。对于那次冒险经历，罗文总是很谦虚地说，他仅仅是遭遇了几名敌人的包围，然后又设法逃了出来，并最终把信送到反殖民战争中的关键性人物——加西亚将军手上。

实事求是地讲，我们一点也不否认罗文中尉在完成任务的过程中，肯定会存在着一些促使其成功的偶然因素，但是个人的努力以及有着完成任务的迫切愿望则是他成功完成任务的必然因素所在。

在他成功地完成了任务回到美国之后，为表彰他的勇敢和所作出的杰出贡献，美军陆军司令亲自为他颁发了奖章，并给与他极高的评价："罗文中尉出色地完成了任务，这一壮举绝对是军事史和战争史上最具冒险性也最为英勇的事迹。"

对于这样的赞誉之词，罗文中尉当然是受之无愧的。但是，透过这些华丽的光环背后，我们更应该注意到，罗文中尉之所以能取得成功并不仅仅因为他杰出的军事才能，而是在于他崇高的道德品质：忠诚、勇敢、坚毅。正是他的这种优秀的品质，才使得他永远为历史、为世人所铭记，并成为后人光辉的典范。

我们也为能有幸出版了这样一本不朽的著作而备感荣幸和自豪。

目录
Contents

上篇
一本改变世界的书

下篇 罗文留给我们的思考

附 录

上篇

一本改变世界的书

《致加西亚的信》是历史上最伟大的出版物之一，全球畅销量超过8亿册，排名人类有史以来最畅销图书第6名！是励志书籍的经典之作，如今已被世界200多个国家翻译成各种版本，许多政府、军队和企业都将此书赠送给部属，作为培养士兵和职员主动、敬业、忠诚的必读书。在通往卓越的道路上，它们就是支撑信念的法宝。本书是企业培训的最佳教程，改变了无数企业和员工的命运。同样，也创造了无数机会与财富。

A Message To Garcia

作者简介

阿尔伯特·哈伯德（1856-1915 年），美国著名出版家、作家，《菲士利人》和《兄弟》杂志的总编辑，Roycrofters 公司创始人和总裁。

哈伯德，1856 年 6 月 19 日出生于美国伊利诺州的布鲁明顿，父亲既是农场主又是乡村医生。

哈伯德在塔夫茨大学取得文学硕士之后，又在芝加哥大礼堂获得法学博士学位，最后进入了哈佛大学，在那里从事教学、编辑和演讲工作。

哈伯德年轻时曾供职于巴夫洛公司，是一个很成功的肥皂销售商，但他却不满足于此。随后，他辍学开始徒步旅行到了英国。

回到美国后，他试图找到一家出版商来出版自己那套名为《短暂的旅行》的自传体丛书。然而，当一切努力化为泡影后，他决定自己来出版这套书。不久，哈伯德就被证明是一个既高产又畅销的作家，名誉与金钱相继而来，闻名于世，他甚至被称为“东奥罗拉的圣人”。

1890年，他在伦敦遇到了威廉·莫瑞斯，于是回到家乡东奥罗拉创办了Roycroft出版社以及Kelmscott出版社。不久Roycrofters公司的业务蒸蒸日上，这种半社区性质的机构吸引了无数人群，公司的正式员工增加到800人。

伴随着出版社规模的不断扩大，人们纷纷慕名来到东奥罗拉来访问这位非凡的人物。最初观光客都在他住处的四周住宿，但是慢慢地人越来越多，使得已有的住宿设施无法容纳了。为此，哈伯德还特地盖了一座旅馆。在旅馆装修时，他让当地的手工艺人做了一种简单的直线型家具，没想到游客们非常喜欢这种家具，于是，一个家具制造产业由此诞生了。

1899年，哈伯德根据安德鲁·萨默斯·罗文的英勇事迹，创作了鼓舞人心的《致加西亚的信》，该文被译成多种文字，广为流传。

哈伯德终生致力于出版和写作，他的主要出版物，除了《菲士利人》和《兄弟》两份月刊外，自己也创作了许多著作：《一天》、《现在的力量》、《自己是最大的敌人》、《一生的目标》、《时间和机遇》、《约翰·布朗的一生》等，此外他在杂志上发表了上万篇文章。其影响力在《致加西亚的信》一书出版后达到了顶峰。

《致加西亚的信》是哈伯德著作中不朽的名著，今天人们阅读着这本承载百年智慧的小书，仍能感受到强烈地震撼着久已枯燥的心弦，即便是最强硬的顽石也会为之动容。

然而，这所有的一切都随着哈伯德和他的妻子爱丽斯所乘坐的路西塔尼亚号轮船被德国水雷击中而沉入海底，哈伯德过早地结束了他辉煌的事业，公司的重担落在了儿子伯特身上。尽管伯特十分努力地工作，但依然抵挡不了公司的衰落。

为了纪念这位哲人，Roycrofters 公司的出版物及生产的其他工艺品得到了人们的疯狂收藏。阿尔伯特·哈伯德这个名字也因《致加西亚的信》一书而声名远扬，得以永久流传！

作者哈伯德自述写作经过

这篇《致加西亚的信》是我在一天吃完晚饭后花了几乎不到一个钟头的时间完成的。这天恰巧是1899年2月22日，即华盛顿的诞辰纪念日，三月份的《菲士利人》杂志的出版工作已经准备就绪。

也许是因为这天精神太好了，在忙碌了一天之后我写下了它。当时我正努力地教育那些不务正业的城市年轻人提高自我反省意识，重新振作起来，以摆脱从前那种浑浑噩噩、百无聊赖的生活。

创作的灵感源于喝茶时的一次短暂辩论。在辩论中，我的儿子提出了一个与众不同的观点，他认为美西战争中真正的英雄应该是那个叫安德鲁·罗文的中尉：罗文中尉孤身一人出发，却把艰巨的任务顺利地完成了。他找到了加西亚将军，把信交给了他。

他的话像火花一样在我的头脑里闪了一下，我幡然醒悟：对的，孩子说的是对的！所谓英雄，就是成功地把信送给加西亚的人！

我为这一发现而兴奋不已，于是我平复了一下心情，离开和儿子讨论的现场，便迅速提笔写下了这篇文章。当时我并没有把这当作一回事儿，尽管这篇文章的标题还没有拟好，可这又有什么关系呢？但所有的这一切在这篇文章被刊登在《菲士利人》杂志上被彻底改变了：

杂志第一版很快就被抢购一空。不久，请求加印的订单也很快飞过来了，10份、50份、100份……当一家美国新闻公司发来订购1000份杂志的请求时，我忍不住问一个助手，究竟是哪篇文章引起了这么大的反响。他回答说："是有关加西亚的那篇文章。"这让我惊喜不已！

而且，更大的喜悦还在后面，就在第二天，纽约中心铁路局的乔治·丹尼尔也发来了一份电报，电报中明确无疑地写着："将关于罗文的文章印成小册子的形式，10万份，小册子的封底上要求印有帝国快递广告，请予以报价，并确定最终的到货期限。"

10万册——这在当时那种印刷设备极端简陋的条件下，简直就是个天文数字。在经过慎重的考虑之后，我立即作了报价，并向丹尼尔先生保证我们能够在两年内提供足够数量的小册子。

丹尼尔先生愉悦地接受了我的条件。但事情的结果却又大大出乎我的意料之外：仅这种形式的小册子，丹尼尔先生一下竟然销售了将近50万册，而其中的近三成都是由他自己直接发送的。除了这种小册子的形式，这篇文章在国内还被两百多家杂志和报纸刊登和转载，甚至还被翻译成各种语言文字在全世界流传。

当丹尼尔先生正在派发《致加西亚的信》小册子期间，时任俄罗斯铁道大臣的西拉克夫亲王到纽约访问，刚好由丹尼尔先生负责接待，并负责陪同他参观这座城市。在游览的过程中，丹尼尔先生顺便向他提起了这本小册子。亦或许是发行数量特别巨大的原因，这本小册子引起了亲王的兴趣。

亲王回国后，便立即安排人把这本小册子翻译出来，并且分发到每一个铁路职工的手中，作为必读的职业书籍。

接着，其他国家也纷纷引进和翻译了这篇文章，从俄罗斯到德国、法国、西班牙、土耳其、印度甚至中国。

在日俄战争期间，甚至每一位上前线的俄罗斯士兵身上都带着《致加西亚的信》这样一本小册子。日本人在整理战场上战死的俄罗斯士兵的遗物时，自然而然地发现了这本小册子，由于每个士兵都会随身携带，这使得日本人认定这本小册子一定具有某种不可思议的价值所在。很快，这本《致加西亚的信》便被翻译成了日文。日本天皇甚至还下了一道诏书：每一位日本政府官员、士兵乃至平民百姓都必须人手一册《致加西亚的信》，以学习这种精神。

《致加西亚的信》的影响还在不断扩大。迄今为止，《致加西亚的信》这本小册子的发行量已高达4000万册。尽管是说我自己，但作为一个事实我不能不说：在一个作家的一生当中，在所有的写作事业当中，是从来没有人获得过如此卓越的成绩的，也从来没有一本书能够迅速达到如此惊人的销售量！

而这些事实也让我越来越相信，历史本是形成于一系列偶然性的事件！

阿尔伯特·哈伯德

1913年12月1日

东方黎明

作者哈伯德所坚信的商业信条

我相信我自己。

我相信自己所出售的商品。

我相信我的公司。

我相信我的同事。

我相信美国的商业模式。

我相信生产者、创造者、制造者、销售者以及世界上所有勤奋工作着的人们。

我相信真理。

我相信愉快的心情会带来健康的身心。

我相信成功的关键是创造价值，而并不光是赚钱。

我相信阳光、空气、菠菜、苹果酱、酸乳、婴儿、羽绸和雪纺绸。

请始终记得，英语中最伟大的单词就是“信心”。

我相信自己每销售一件产品，就又交上了一个朋友。

我相信当自己与一个人分别时，彼此渴望着重逢，再见时他看到我很高兴，我见到他也愉快。

我相信工作的双手、思考的大脑和仁爱的心灵。

作者哈伯德所坚持的人生信条

我相信是上帝创造了人类。

我相信上帝保佑由父亲、母亲和子女组成的三位一体的家庭组合。

我相信上帝就在我们的身边，我们和上帝是如此的近，我相信上帝创造了这个世界之后，不会置之不理，任其自生自灭。

我相信灵魂的暂居之所——人类身体的神圣。因此我认为通过正确思考和生活以保持形体的美感是每一个男人和女人的义务。

我相信男人对女人的爱和女人对男人的爱是神圣的。在这种爱推动下的灵魂和人类对上帝的爱或是思想的最深处同样的神圣崇高。

我相信经济、社会和精神上的自由可以使人类获得救赎。

我相信约翰·拉斯金、威廉·莫里斯、亨利·索罗、沃尔特·惠特曼和托尔斯泰是上帝的先知，他们思想的造诣和灵魂的境界应当与伊利亚、何西阿、以西结和以塞亚齐名。

我相信人类像以前一样并将永远被激动和鼓舞着。

我相信人类将生活在永恒之中，而这正是我们所希望的。

我相信为未来生活做准备的最佳方法是心存善良，在某个时候的某一天尽全力做好工作，使它尽善尽美。

我相信我们应当记得每一个做礼拜的日子，因为它是神圣的。

我相信魔鬼是不存在的，存在的只是恐惧和懦弱。

我相信除了自己没有人可以打败你。

我相信我所具有的神性和你是一样的。

我相信我们都是上帝的子女，除此之外，我们什么都不是。

我相信到达天堂的惟一途径就是把天堂放在你心中。

信使安德鲁 · 罗文自述：我是如何把信送给加西亚的

罗文简介

安德鲁·罗文中尉（1857-1943 年），弗吉尼亚人，1881 年毕业于西点军校，美国陆军上校。

作为一个军人，他与陆军情报局一道完成了一项重要的军事任务——将信送给加西亚，被授予杰出军人勋章。立功之后，他曾服役于菲律宾，因作战勇敢而受到嘉奖。从军队退役后，他在旧金山度过了他的余生，于 1943 年 1 月 10 日逝世，终年 85 岁。

但是，人们却没有忘记他，他那次送信的英勇事迹，通过《致加西亚的信》一本小册子传遍了全世界，并成为忠诚、敬业、服从、勤奋的象征，对后世产生了深刻的影响。

麦金利总统的授命

19 世纪末期，西班牙早已衰落，在国际上陷于孤立。特别是古巴和菲律宾两地人民反对西班牙殖民统治的武装斗争，钳制着大量西班牙军队。西班牙军对古巴起义者的残酷镇压激怒了美国政府，并危及美国在该地的经济利益。1898 年 2 月 15 日，美国派往古巴护侨的军舰“缅因”号在哈瓦那港爆炸，这一事件彻底激怒了美国人民，于 4 月 22 日对西班牙采取军事行动。

也就是在战争一触即发之际，时任美国总统麦金利明确地意识到，要想最终取得胜利，迫切需要得到相关的情报，包括古巴起义军的情况到底是怎样？在古巴岛上的西班牙军队数量有多少？战斗力、士气如何？以及古巴的地形、路况和医疗条件等等，甚至还包括在美军动员集结期间，古巴起义军需要哪些援助才能钳制住敌人及接下来的美军同起义军的协同作战等问题。

要搞清楚这些情况，就必须在最短时间内与古巴起义军首领加西亚将军取得联系。为此，麦金利总统忧心忡忡。

“到底到哪里才能找到一个能够把信送给加西亚的人？”麦金利总统询问军事情报局局长阿瑟·瓦格纳上校。上校立即回答说：“我认识一个年轻的陆军中尉，名叫安德鲁·罗文。我敢保证，如果真的有人能够完成这项任务，非他莫属。”

“那就这么决定了！”总统下了最后的决断。

1 个小时之后，瓦格纳上校便通知我下午 1 点在海陆军指挥部与他共进午餐。餐毕，上校把我带到一辆马车上，车帘落下，车内的光线有些昏暗。上校首先问我：“下一班去牙买加的船什么时候开？”

我想了想，答道：“明天中午会有一艘英国轮船‘阿迪罗达克’号从纽约出发。”上校马上追问道：“你能乘上这艘船出发吗？”见上校态度严谨，我考虑了一下，肯定地回答：“没问题！”上校回答说：“那好，你就准备明天上船吧。”

看着我脸上的疑惑神情，上校依然神情严肃地对我说：“我的士兵，总统派你去完成一项艰巨的任务，把一封信送给古巴起义军领导人加西亚将军。但是关于将军的情况我们所知甚少，我们现在仅知道他或许应该在古巴东部的某个地方，或许也不在那里。你的任务就是把总统的信带给他，并从他那里收集我们所需要的情报。出于政治因素的考虑，任何能证明你身份的东西都不允许随身携带。这就意味着，如果在中途发生任何意外情况，国家不会给你提供任何帮助。你也知道，在美国独立战争期间的内森·黑尔与美墨战争中的里奇中尉都是在传递情报的过程中被捕而牺牲的。我们必须吸取教训，这次行动不能有任何闪失。”

“好好准备吧！在你坐船抵达牙买加时，古巴军事联络处的人会在那里等你，然后给你引路。没人知道加西亚将军的具体位置，而且我们也不能中途联络你，以后所有的一切只能靠你自己解决了！你必须牢记一点：美国和西班牙一旦开战，我们就特别需要你从古巴收集的情报，这对于我们制定未来的作战计划至关重要。这项任务就交由你一个人去完成，你必须不辱使命。祝你好运！”

听完瓦格纳上校的话，一股崇高的军人荣誉感在我的内心翻腾，我没有多说任何话，面对上校敬了一个标准的军礼，接过那封信，转身离开了。

听完上校的叙述，我非常清楚这项任务的重要性和艰巨性。虽然美西两国还未交战，但错综复杂的形式，如果一步走错，就全盘皆输，后果很有可能将会赔上自己的性命。

但，服从是军人的天职。不管怎样，作为军人，他的生命是属于他的国家，接受命令就必须义无反顾，即使失去性命也在所不惜。

午夜，我乘坐火车离开了华盛顿。

横穿牙买加

去古巴最为快捷的路线，就是经由牙买加穿过，而且之前的情报显示在牙买加还设有一个古巴军事联络处，我满怀希望可以从这个联络处打听到加西亚将军的消息。

到了纽约之后，第二天我准时搭上了那艘英国渡轮“阿迪罗达克”号，一路还算风平浪静。在旅途中，为了掩饰自己的身份，我也极少和别人说话聊天。

当船驶进古巴海域时，我明显感受到危险迫近的感觉。要知道，我身上可是携带着一份美国政府给牙买加政府发的官方信函，它可以向牙买加当地政府证明我的身份。但是，如果此时战争已经爆发，那么依照国际惯例，西班牙人是一定会在海上严加巡逻，搜查每一艘过往的船只的。行迹暴露，我惟一的出路就是将作为战犯被逮捕起来。慎重起见，我再三考虑决定把文件藏进头等舱的救生衣里面，直到轮船顺利地绕过了这片危险的海域，我才松了口气。

第二天的早晨9点，我终于到达了牙买加。我是在4月8号那天离开华盛顿的，到了4月20号才用密电告知当局我已安全抵达目的地。4月23号收到回电：找到加西亚将军，越快越好！

随后便开始紧急寻找古巴的军事联络处。因为牙买加是中立国的缘故，所以古巴人在牙买加的活动几乎是公开进行的，很快我就找到了古巴军事联络处的指挥官拉伊先生。我们见面之后，我和他以及他的下属们一起讨论如何尽快把信送到加西亚将军手中。

随后我又赶到古巴军事联络处总部，在场还有几位我先前没有见到过的古巴流亡者。正当我们在研究行动方案的时候，一辆马车驶到了门外。

“立即出发！”车上的人用西班牙语喊了一声。紧接着，我还没来得及说话就被带上了马车——一个军人服役以来最为惊心动魄的经历拉开了序幕！

一路上，马车疾驰而过，车夫也缄口不言，只是默不作声地驾驭着马车保持最快的速度。大约走了 4 英里路程，马车进入了一片热带雨林，之后我们又穿过一大片沼泽地，然后继续在一条平坦的乡间小路上疾驰，一直到一片丛林的边缘地带才停了下来。

车门打开，我又遇到一张陌生的面孔，那是另一辆马车的车夫，他要求我转移到在旁边等候的另一辆马车上。一如之前一样，这辆马车也飞驰而去……所有的一切明显都是事先早已安排好了的，一句多余的话也没有，连 1 秒钟也没有耽搁。

很快，我们的马车便穿越了一个小镇和一条宽阔的河谷，直到太阳快落山时，我们才到达一个驿站休息。经过一天的颠簸，我确实感觉很是疲惫了。正当我在驿站的院子里舒展筋骨的时候，突然发现在驿站旁边的山坡上一团黑影一摇一晃地冲我们直冲了下来。顿时我不禁提高了警觉。但当黑影走上前来，我才发现这是一个老黑人，他是给我们送烤鸡和啤酒来的。

他对我们讲着当地方言，很难听懂，但我明白他是在为我帮助古巴人民争取自由表示敬意。然而那位车夫却一如之前，对这些食物和我们的谈话毫无兴趣，换了两匹马，我们又上路了。

尽快赶路——马车飞奔……就在人困马乏之际，丛林中突然传来一声尖锐的哨声，一群人将我们的马车团团围住。

虽然在英国的管辖区内被西班牙士兵拦阻，我倒并不害怕。但如果牙买加当局事先知道我违反了他们的中立原则，那肯定会前来阻止我的行动的。不过，事情的发展证明我的担心是多余的，车夫和那群人一番小声的交谈之后，我们被放行了。

又经过 1 个小时左右的路程，我们的马车在一幢房屋前停了下来，室内灯光昏暗，屋子里已经准备好了一桌丰盛的晚餐。据接待的人讲，这是联络处特意为我们安排的。

侍者给我斟了一杯牙买加朗姆酒，我忍不住喝了一口，芳香醉人的美酒使马车上 9 个小时 70 英里的奔波劳顿几乎无影无踪了。我又连着喝了 3 杯。

晚餐结束后，一个长着络腮胡子，身材魁梧的人走了进来。他表情刚毅，眼神中透射出诚实而忠诚的光彩。他的名字叫格瓦西奥·萨比奥，来自墨西哥，曾因为抨击西班牙人的统治而被斩断一根手指，并把他流放到这里。古巴军事联络处决定派他来做我的向导，他将一直陪同我，直到我把信送到加西亚将军手中。

在这之后，小憩了不到 1 个小时的时间，我们继续上路了。半个小时后，又有人在吹口哨，这应该是一种联络的暗号。我们下了车，徒步穿越了一片灌木丛，又接着走了差不多 1 英里，才来到一个长满热带植物的小果园。

从这里就可以看到海湾。我们发现离海湾不到 50 码的地方停泊着一条小渔船。突然，船里闪起了一道亮光，我断定这肯定是一种类似呼哨声的联络信号！而格瓦西奥也很快作出了回应。我们与在此等候的人接上了头。船上的人很快就派了一个船员过来把我背到渔船上。

告别古巴军事联络处的人员，我的第一阶段的冒险顺利过关了。

海上有惊无险

上船之后，我们发现小船中间堆放着许多石头，还有很多捆成长方体的货物，但就算这样，小船仍然像水面上漂浮的一片叶子一样，无法保持平稳。

我建议让格瓦西奥来负责掌舵，我和另一名助手当船员。我们分工合作，希望能以最短的时间走完这余下的 3

英里路程。

格瓦内奥给我解释说，在狭窄的海湾里我们只能用桨划船绕过去，因为这里风力太小，很难航行。但幸运的是，我们很快就绕过了海峡。

但我的内心也更加紧张了。同行的人都清楚地知道，100 英里以北就是古巴海岸，那里经常有西班牙武装轻型军舰巡逻队在此巡逻。尽管危机重重，但我必须要完成任务，我必须抵达古巴，找到加西亚将军，把信送到他手上。

我们的行动策略是，白天在距离古巴海域 3 英里的地方躲起来，等到黄昏，天渐渐黑下来之后，再快速划船转移到珊瑚礁后面，藏在那里等到天亮。此时即使我们被捕，因为身上没有携带任何身份证明，哪怕我们被扣留，也不会被严厉审问，毕竟敌人没有任何定罪的证据。退一步讲，就算敌人发现了证据，我们也可以立刻将船凿沉，敌人能找到的不过是几具无名的尸体罢了。

策略已定，我正想休息片刻，格瓦西奥突然大喊了一声，我们几个全都站了起来。原来是西班牙的巡逻舰正从几英里外的地方朝我们开过来，他们用简短的西班牙语勒令我们立即停下。

我们赶紧把帆降下来，只有格瓦西奥一个人还呆在甲板上，其他人都迅速躲了起来。

“或许西班牙人把我当成一个牙买加的渔夫，就这样放过我们了。”格瓦西奥冷静地说。

事情果然如他所料，当西班牙的巡逻舰开到离我们很近的地方时，站在船头上的那位无聊的年轻的船长便用西班牙语跟他打招呼：“有什么收获吗？”

格瓦西奥也用西班牙语回应道：“没有啊，白白忙了一个早上。”

现在想来，要是当时那位年轻的船长能够再聪明一点，或许就抓住我们了，而今天，我也就不可能在这里给大家讲故事了。

直到敌人的巡逻舰开远了，格瓦西奥才让我们重新升起船帆。之后，对我说：“这位先生想要睡觉的话，那就趁现在好好睡上一觉吧。危险已经告一段落了。”

多天的旅途劳顿，我一下子睡了整整六个小时，要不是因为太阳光太过耀眼的缘故，我想或许我还会睡更长的时间。下午四点左右，格瓦西奥收下了船帆，给船减速。我询问他为什么要这样做，他解释说：“我们离敌人军舰和战区越来越近了，如果我们不利用海上优势及时避开敌人，很快我们就会被西班牙人捉住，白白丢了性命，在这里求快冒险是没有必要的。”

紧接着，我们开始检查随身携带的武器。我只有一支史密斯威森左轮手枪，于是他们递给我一支威力巨大的来福枪。船上所有船员，用的都是这种武器。

所有的人都清楚，任务执行到了关节点处了。虽然到目前为止，一切都还算顺利，虽然遇到不少危险，但都顺利地度过了。而此时则完全不同，一旦被逮捕，不仅意味着个人的牺牲，给加西亚送信的任务就别想再完成了！

此时，我们距离海岸还有 25 英里。直到午夜来临，我们再次把帆降下，奋力划桨，终于来到一个稍显平静的地方，但突然扑来一个巨浪，我们的小船一下被卷入一个隐蔽的海湾里。趁着月色，我们最终把船停在离岸边 50 码的地方。

我建议大家赶快上岸，格瓦西奥则提出反对意见，他认为在敌占区要更加小心谨慎，要是敌人试图搜寻我们的踪迹，他们必定会找到我们曾经路过的那片珊瑚礁，到那时我们上岸也不迟。而且我们还可以借助岸边大片的葡萄树、红树丛和刺莓掩护前行。

不过总算没发生什么意外。到了凌晨，暑气散去，太阳就要升起时，我们也开始忙碌了起来：船员们忙着把一摞摞货物搬到岸上，待到货物都搬完了之后，他们带我上岸，把小船拖到一个狭窄的河口处，倒扣在丛林深处隐藏起来。

在我们上岸的地方站着一群古巴人，他们穿着破烂的衣衫。在经过几个简单的手势沟通之后，我知道他们都是化装成搬运工的自己人，很明显这些人是战场上的士兵，他们身上明显的枪伤便是明证。东西搬运完毕，我们一行人，向西又走了大约 1 英里路程。不久，我们便看见一缕缕细小的烟从茂密的植被中袅袅升起，同行的人解释说这是从集中营里逃出来的古巴难民正躲在林子里熬制食盐。

就这样，我的第二段行程结束了。

丛林中的枪声

但是，艰险的路程并没有结束，而巨大的危险正在降临……

如果说在牙买加和海上只是经历了一点小波折，遭遇惊吓的话，那么从踏上古巴的那一刻开始，名副其实的危险就算来临了。

此时，古巴全国上下都笼罩在西班牙军队的白色恐怖之中，他们正在进行灭绝人性的大屠杀，无论是对军人，还是对平民统统都不放过。在这种情况下，想要找到加西亚将军，无疑更加困难，但我必须即刻上路了！

我们继续一路奔波。高大的山脉和丛林遮住了我们的视线。这里的地形看似简单，实际上道路就像无数丝网交织的迷宫，实际上也就只有这些当地的古巴人才能在这迷宫一般的丛林中找到道路。

穿越丛林之后，我们终于来到一片空旷的平地，那儿居然还长着几棵椰子树，我们赶忙从椰子树上打下椰子，将里面的汁液吮吸得一干二净！很快我们就恢复了体力。但我们不能在这里长时间逗留，在天黑之前，还得走完好几英里的路程。

爬过几个陡坡，我们到了一个更加隐蔽的空地，再往前走就进入热带雨林了。在这，从波蒂洛至圣地亚哥的“皇家公路”正好穿过这片森林。当我们靠近路边时，惊奇的一幕出现了：同行的人突然间就闪身躲进了丛林里，眨眼的工夫，便只剩下我和格瓦西奥两个人了。我刚要问格瓦西奥究竟怎么回事，却看到他将手指放到嘴边，示意我别出声，并让我赶紧拿起武器准备好战斗。接着，他也身形一闪，躲进丛林里去了。我也反应过来，一个纵身钻进丛林。

没一会儿，　阵马蹄声传来，其间夹杂着西班牙骑兵的军刀碰撞声和偶尔发出的命令声……

真是有惊无险，如果不是同伴们的警觉，那个时候我们的小队伍正好走上公路，无疑就会与敌人正面遭遇了。

“我们分散开是为了麻痹敌人，就算和敌人交火，他们也无法估测我们的实力，甚至会以为中了我们的埋伏。”格瓦西奥神情略显惋惜地对我说：“刚才真想戏弄一下这些骑兵，给他们一点教训，但你的任务才是第一位的，这些西班牙骑兵权当走运吧！”

后来我们在林子里烤起了红薯。我突然想起了许多古巴的英雄。我在想，他们能够在那么艰苦的条件下连连取胜，因为在他们心中有争取民族独立自由的强烈斗志。我们的先辈也曾经和他们一样，为了美利坚民族的自由战斗过。想到自己肩负的使命就是给他们的将军送信，能够帮助这些爱国志士赢得胜利去作出自己的贡献，对于一个军人而言，这是一件多么值得骄傲的事情！每个军人，都应该从奉献中去赢得光荣。

就在这一天的行程结束时，我注意到我们中间多了一些穿着奇怪的人。

“他们是谁？”我问格瓦西奥。

“一些西班牙军队的逃兵。”格瓦西奥说道，“据说，这些士兵是不堪忍受饥饿以及军官的虐待，才从曼彻列罗逃出来的。”

面对这群逃兵，我无法相信他们，谁能保证他们下一刻不会再跑回去，向西班牙军队报告说一个美国人正穿行古巴，向着加西亚将军的营地前进呢？想到这些，我赶忙对格瓦西奥说：“看好他们，未经允许，谁也不能擅自离开。”

“好的，先生！”格瓦西奥答道。

为了确保行动不受到任何干扰，我不能不思虑周全。而后来的事实证明我的担心是有道理的——确实有人想逃回去报信！事实上，这些逃兵应该不知道我的任务，但其中有两个是西班牙间谍，在他们眼里，一个美国人无端出现在古巴岛，这无疑引起了他们的怀疑——而且就是这两个人差点杀了我！

午夜时分，这两个西班牙间谍决定行动了。猛然一声枪响把我从睡梦中惊醒。我睁开眼时，看见床前正站着一个人影，我下意识地躲闪开，并顺手一刀下去，那人身上被划开一条长长的血口，鲜血从里面涌了出来。这个人临死前供认不讳，他跟同伙已计划好，如果同伙没能逃出营地，就由他来暗杀我——无论我执行什么任务。不过，很明显他的同伴刚才已经被哨兵开枪打死了。

惊魂未定，但我已经来不及考虑其他的事情了，紧迫的形势要求我不能再有丝毫耽搁了。可是，现实情况却糟糕透顶。直到第二天傍晚时分，我们才搞到足够数量的马匹和马鞍。当他们到处寻找马鞍时，我几乎失去了耐心，我甚至要求格瓦西奥不然就徒步行军吧。但格瓦西奥则冷静地对我说："加西亚将军正在攻打巴亚摩，我们要走很远的路程才能到他那里！"

总算一切工作准备停当，我们骑马疾行四天。路途上，崎岖的山路扑朔迷离，还好向导对此了如指掌。我们先是离开了一个分水岭，再贴着东边的斜坡往下走去。之后又沿着一条河流行进。当晚，我们决定在亚拉宿营。据说在古巴历史上，亚拉可是鼎鼎大名，正是在这里，古巴人民发出了对自由第一声响亮的呼唤，并由此拉开了1868年至1878年"古巴十年战争"的伟大序幕！

次日清晨，我们便开始了向莫埃斯特山北坡进发。我们的行进路线都是陡峭的悬崖，山脊经过长年的风化已经变得又粉又脆，走起来得小心翼翼。如果在这里碰到西班牙人的伏兵，那么我们就必死无疑。

上帝保佑，没有发生任何意外。只是道路极为崎岖难行，这让我们吃尽了苦头，我骑在马上，不得不狠命地勒住缰绳，抽打战马，以致战马被折磨得呼呼直喘粗气，嘶鸣不止。原来我曾经见过很多虐待动物的野蛮场景，但是我现在又不得不这样做，为了完成任务，为了成千上万古巴人的“自由”，作出怎样的牺牲，都在所不惜。

令人欣慰的是，最艰难的路程总算结束了，我们一行人到达了亚巴罗森林的边缘，在森林边缘的一座小茅草房旁边停了下来。小茅草房周围是一片玉米地，屋檐下挂着刚切下来的新鲜牛肉。很明显，为了接待即将到来的美国特使，厨师们正在忙碌着，准备着丰盛的晚餐，既有鲜牛肉，也有木薯面包。我们来到这里的消息很快传遍了整个村子，面对热情的人们，我委实激动不已！一路走来所受的种种艰辛也消去大半。

将军的风采

丰盛的晚餐还未结束，忽然门外传来一阵马蹄声和说话声。原来是瑞奥斯将军派卡斯特罗上校来迎接我们！只见卡斯特罗上校身材魁梧、身手敏捷、动作娴熟，在他后面也是一群衣装整洁、训练有素的军人。

他转告我们，瑞奥斯将军和其他要员在第二天早上就会到达这里。接着，卡斯特罗上校拿出一顶古巴特有的巴拿马帽，将它作为礼物送给了我。干练的上校的到来，使我确信自己又有了一位经验丰富的好向导了。

第二天早上，有“海岸将军”之称的瑞奥斯将军早早便赶到了。他是一名印第安人和西班牙人的混血儿，他皮肤黝黑，体型壮实，步履矫健。而他在战场上的足智多谋，神出鬼没，曾经多次击退西班牙人的进攻。西班牙人恨透了他，但却对他无计可施。

这一次，瑞奥斯将军派了200名的骑兵部队护送我。这些骑兵不仅训练有素，骑术还相当高超。在这支骑兵小分队的护送下，前进的速度明显加快，而且路上几乎没有受到任何骚扰。

4月30日晚上，我们到达奥伯伊，这里距离巴亚莫城还有20英里的路程。我们一行人刚安置好吊床，格瓦西奥出现了，只见他容光焕发，面带喜悦地对我说："罗文先生，这对你来说，无疑是个绝好的消息，此时加西亚将军就在巴亚摩城。西班牙的军队已经撤退到考托河一带，妄图凭借后援做顽固抵抗。"

得知加西亚将军就在前方20英里的地方，我的内心更加迫不及待了，我想即刻见到加西亚将军！我请求骑兵小分队星夜赶路，当晚我就要见到加西亚将军。但大家商议后认为实在没有必要如此着急。

1898年5月1日，这确实是个不同寻常的日子。也就是在这一天，美国海军上将杜威将军正率领着强大的海军舰队挺近马尼拉湾，向西班牙舰船发起了进攻。就在我把信送达加西亚将军手中时，美国的大炮已击沉了西班牙两艘军舰，直逼西班牙殖民者的老巢菲律宾首都马尼拉。

就在美国海军取得辉煌成绩的同时，我们一行人继续踏上征程——奔驰在古巴辽阔的国土上，这里到处都是因战火而废弃的田地和满目的废墟，这些都见证着西班牙军队的罪恶。

我们骑马走了大约 100 英里，想象着即将要见到加西亚将军，任务就要完成了！我的心情也变得愉悦了很多，就连我的马儿仿佛也在分享着我的这份快乐。

走着走着，人渐渐多了起来，在通往巴亚摩城的“皇家公路”上成群结队地走着许多衣衫破旧却仍然兴高采烈的人群。战争就要结束，他们终于可以回到自己的城市，难怪会如此开心。

穿过巴亚摩城，我们决定继续行进。中途我们在河岸边休息了一会，让马匹饮水，补充补充体力，以便把接下来的路程一口气走完。

10 多分钟之后，我们便来到了加西亚将军的驻地！

我成功了！这充满着苦难、失败甚至死亡的艰辛漫长行程终于结束了。

古巴当地报纸对这次事件做了如下报道：“罗文中尉孤身一人，在向导的带领下来到古巴，在古巴军队中引起了极大的轰动，也极大地鼓舞了古巴军队的士气！”

当我来到古巴指挥官营地，看见古巴的国旗迎风高高地飘扬着。在这样的地方，在这样的情形下，我身为美国政府的特使来到这里，心里无疑变得兴奋难抑。

我们一行人下马排成一行，整齐站好。格瓦西奥和加西亚将军很熟悉，所以他先去见了将军。不一会功夫，格瓦西奥和加西亚将军一同走了出来，将军热情地欢迎了我，并邀请我和助手们进营帐叙谈。

将军向我解释说："我出来有些晚了，因为我们正在查看格瓦西奥给我带来的从牙买加联络处开的关于阁下的身份证明文件。"有意思的是，联络处在这封信中称我为"密使"，翻译却将这个词译成"自信的人"。

早饭之后，我们开始谈论我这次古巴之行的使命。我向加西亚将军解释说，我的任务有二：一是把麦金利总统的信，也就是那封重要的外交信函，交给他本人；二是了解古巴东部的相关形势的最新情报。诸如，必须掌握西班牙军队的人数和分布、指挥官尤其是高级指挥官是谁、军队的士气以及整个国家和地区的地形和路况，总之，是任何可以提供给美方的相关军事情报。还有，要确定美国军队和古巴军队究竟是联合作战还是分开战斗，如果联合作战将军有什么好的建议，等等。

讨论一直持续到下午三点左右。最后将军决定调遣3名军官：指挥官克拉索将军、赫尔南德斯上校以及维塔医生，陪同我一起返回美国。他告诉我，这3名军官都是古巴人，个个训练有素、久经考验，应该可以回答我们提出的所有问题。如此这样，情报交换的问题就很容易解决了。看我很满意，加西亚将军进一步提出要求，他的部队现在急需武器，尤其是足够摧毁掉西班牙军队碉堡的大炮，另外弹药和枪械也需要人量的补充，希望美国政府能够优先考虑提供这些方面的物资供应。

另外，他们还会派遣两名水手与我们同行，他们对古巴北部海岸了如指掌，倘若美国到时为古巴提供军事装备，在往回运送物资的过程中，他们肯定能发挥巨大作用。

“还有什么问题吗？”加西亚将军关切地问道。

“没有了，将军！”虽然我是多么希望有机会在古巴的土地好好游历调查一番，但是我要尽快完成身上的使命，为我们的国家，也为古巴人民赢得宝贵的时间。

行程已定，在随后的两个小时里，加西亚将军和他的支持者们热情地款待了我，为我饯行。宴会结束时，将军把我送到门口，我仔细一看，却发现队列里竟然一个我原来的向导也没有。将军解释说，格瓦西奥是想着和我一起返回的，但因为南部海岸的战场上还需要他，而我却是要从北方返回美国。我只得拜托将军转达我对格瓦西奥以及那些随同者的感激之情。然后，我与加西亚将军以拉丁式的拥抱作了最后的告别，之后上马，和那3名陪同的军官离开了将军的驻地。

我终于把信送给了加西亚将军！

不辱使命

在给加西亚将军送信的过程中，真可谓危机重重，而返回的行程也同样凶险。

来的时候，我几乎横穿了这个美丽的国家，一路上得到那么多好心的古巴人为我引路，不顾自身安危地保护我，否则我肯定很难到达目的地。

而且，在返程的时候，美国和西班牙已经正式开战。西班牙士兵四处巡逻，每一个海岸和海湾，甚至每一条船都不放过，他们随时都可能把我当作间谍抓起来，而我这个美国人一旦被发现就必死无疑。

归途中，同伴们和我一样如履薄冰。我们小心翼翼地穿过古巴，一路向北靠近西班牙人占领的考托，这是一个港口，好几艘西班牙的小炮艇停泊在那里，从里面伸出的大炮对准着河口。

难道真的要在敌人的眼皮底下登船吗？这颇让我们有些顾虑。但事已至此，我们绝无半点退身的余地了。由于这次我们搭乘的小船体积只有 104 立方英尺，根本无法承载 6 人以上，所以维塔医生就返回巴亚摩去了，只剩下我们五个人与敌人周旋，寻找上船的机会。

终于熬到了晚上 11 点左右，西班牙人的巡逻船明显稀少了很多，我们才悄悄上了船。河面上雾气氤氲，天空上乌云密布，这样的条件非常适合我们隐藏前行。到了船上，五人各就各位，一个人掌舵，四个人奋力划桨——渐渐地，敌人的碉堡总算被我们甩在了黑暗之中。

在波涛汹涌的大海之上，我们的小船就像鸡蛋壳一样被抛来抛去，幸好同行的几人都是经验丰富的水手，才化险为夷。

就这样，大家一起划啊划啊，极度的疲劳和单调的航行弄得大家都昏昏欲睡。突然，一个巨浪打了过来，小船又一次差点被打翻，船里一下进了好多海水。这下大家都不敢掉以轻心了，一面忙着一下接一下往外舀水，一面继续划船前行。

也不知道过了多久，阳光穿过晨雾，漫长的黑夜结束了。

突然舵手喊了一声："大家快看！前方有一艘大船。"

顿时，全船的人一下陷入了紧张。

"没错，见鬼了，两艘、三艘……十二艘。天哪……"舵手的声音似乎都有些颤抖。会不会是西班牙战舰？要真是这样，我们可就完蛋了。

上帝保佑，那不是西班牙舰队，原来是桑普顿将军的战舰正向东去波多黎各攻打敌人。危险解除，我们都长长地松了一口气。

我们一行人依旧前行，那天的天气湿热难耐，痛苦地折磨着小船上的五个人。难熬的白天总算过去，当夜幕再次降临时，我们几乎精疲力竭。但是，我们仍然不敢掉以轻心，虽然我们的舰队已经开过，但谁又敢说西班牙人会不会绕过来并追上我们呢？因此我们坐在小船上，提高警惕，随着小船继续颠簸前行。

直到阳光再次升起，也就是5月7日，我们的小船来到了巴哈马群岛安德罗斯岛南端的科里礁岛。危险解除，我们这才放心上岸休息。稍事休息，又在那里清理小船上的物品。接着，第二天下午我们在向西航行到新普罗维登斯岛东端时，检疫官把我们一行五人全部扣下，因为他怀疑我们得了古巴的黄热病，并被投放在一个名叫豪格岛的地方。第二天我给美国领事捎去口信，在他的安排下，我们最终获得了保释，不然我们可能会在那里呆很长时间。

就这样，我们又回到海上航行了一整天时间，终于在5月13日到达了奇维斯特。当晚我们便乘火车连夜赶往了塔姆帕，在那里换乘火车前往华盛顿。

这一段路程太平无事，到达华盛顿后我立即向作战处秘书罗素·阿尔贝作了汇报。他认真听完我的汇报之后，让我带着加西亚将军派来的人直接向米尔斯将军报告。米尔斯将军接到我的报告后，马上给作战处写去了一封信函，信上写道：

“在这里，我愿推举美利坚合众国第十九步兵团一等中尉安德鲁·罗文为骑兵团上校副官。罗文中尉孤身一人圆满完成了‘把信送给加西亚’的重大任务，与古巴革命军领袖加西亚将军取得了联系，并为我国政府及时带回了极为重要的情报资料。罗文中尉在执行艰巨任务的过程中所表现出来的勇敢和自动自发的精神堪称战争史上最伟大的壮举，他的英勇行为更是应该在全军中大力弘扬！”

一天之后，我随米尔斯将军一起参加了当天的一次内阁会议。会议结束之后，麦金利总统刻意向我表示祝贺和感谢，他对我把他的意图准确传达给了加西亚将军表示感谢，同时还对我在这次任务中的表现予以了高度评价。

对于总统和他人的赞誉之辞，我深表感谢，但我始终认为自己不过是完成了一项任务，成功地履行了一个军人原本就应该履行的职责罢了。

是的，对于军人而言，惟一需要做的，那就是：服从——服从——再服从！不要追究为什么，也不要犹豫不决，时刻保持坚忍不拔的意志和信念去执行命令即可。

我，就是这样把信送给加西亚将军手中的！

加西亚将军的回信

加西亚将军简介

卡利斯托·加西亚·伊尼斯托格将军（1839-1898年），古巴著名革命家。年轻时，加西亚投身反对西班牙殖民统治的斗争，发动起义失败后被捕，直到1878年才获得释放。继续领导古巴的独立解放事业，并在美西战争中发挥重大作用。1898年，加西亚与威廉·麦金利总统在华盛顿会晤，讨论古巴局势。同年在华盛顿逝世。

尊敬的麦金利总统：

（出于保守军事机密的需要，以上内容我们予以省略。——原出版者注）

下面让我谈论一些有关安德鲁·罗文中尉的一些个人

观点。

当我听到一位年轻的美国陆军中尉即将在我们古巴向导的引领下来到我的营地时，我正在为将西班牙军队赶入考托而欣喜，正可谓双喜临门。罗文中尉的到来让我震惊，这位年轻军官的勇气尤其让人钦佩。他克服一路的艰难险阻，给我带来了总统阁下的书信，完成这项崇高的使命。我无法想象，在他所经过的地方，到处都有西班牙人的身影——军舰、骑兵、巡逻兵、间谍等，所有这些对罗文中尉而言都是安全上的致命威胁。但，最终我们勇敢的罗文中尉战胜了所有的一切困难，他甚至横穿了整个古巴。

当这个年轻的中尉站在我面前的时候，我深深相信了总统的眼光，因为在罗文中尉身上所表现出来的勇敢、冷静和忠诚让我同样也认为假如能够有人完成这项任务，那他绝对是不二的人选，我为总统阁下有这样忠诚的勇士而向您表示祝贺。

无疑，这个年轻的陆军中尉的表现让人惊喜，他正直、忠诚、机智和敢于牺牲，堪称国家的栋梁。而他身上所有的一切珍贵品质都是我们最为需要的。我相信总统阁下也同样认为：无论是现在的战争时期，还是未来的和平年代，社会都需要罗文中尉这样的人。因为有他们义无反顾地投身于神圣的事业中，社会文明才得以进步。

毋庸置疑，罗文中尉的到来在古巴军队中引起了巨大的轰动，他的事迹对于那些存在于我们军队中的一些懒散现象无疑是一种无形的鞭策。现在古巴的革命事业正处在一个转折点上，因此我们更需要罗文中尉的这种崇高精神：接受命令，立即行动。而我们的事业更需要这种精神：自动自发与忠诚——我再次强调罗文中尉的这种优秀品质。

总统阁下，在书信结尾让我再一次对您说，罗文中尉是一个非常杰出的年轻人，即使我们不考虑他对与美国与古巴之间的军事与政治合作所做出的巨大贡献，我仍然要感谢您，因为是您将这个年轻人派到我面前，让我有机会见识到一个真正的勇士。我对古巴军队甚至古巴人民提出号召：深入开展学习罗文中尉这种精神的活动，他的精神，他身上所表现出来的这些优良特质都值得我们努力学习，无论现在还是以后。

1898 年 5 月

1898年5月美国总统的公开信

威廉·麦金利简介

威廉·麦金利（1843-1901年），美国第25任总统。1843年1月29日生于俄宾俄州，18岁从军，以少校军衔退伍，先后当过律师、县检察官、众议员和州长。1896年被提名为共和党总统候选人，并赢得大选。执政后他采取各种措施振兴经济，并取得显著成效，获得“繁荣总统”的美名。

对外，发动美西战争，摧毁西班牙的海上势力。《致加西亚的信》一书的故事背景便发生在此时。

1900年，麦金利总统连任。在同年9月6日出席布法罗泛美博览会时，被一名无政府主义者射伤。8天后，他在布法罗去逝，享年58岁。麦金利总统是美国立国后被刺身亡的第三位总统。

女士们、先生们：

今天，我首先要介绍给大家的是一位年轻的美国军人，他就是安德鲁·罗文中尉，并且在这个美丽的夜晚，我还要对他提出嘉奖以表彰他的勇敢。

罗文中尉临危受命，前途险阻，甚至明知会危及自己的生命，但他依然接受命令，将一封关乎国家命运的书信送到居无定所的加西亚将军手中。而且在归来时，不但带回了加西亚将军的回信，甚至还收集了非常丰富的情报资源。这些无疑在这次战争中起到了相当关键的作用。这几乎堪称是现代军事史上最具冒险性的一次大穿越，罗文中尉以其一人之力为了国家利益而不惜牺牲个人一切乃至生命，他的这种勇敢精神值得世人称道，他的行为值得我们每一个公民特别是年轻人学习。

对于这样一位杰出的军人，相信人见人爱。但是，我喜欢罗文中尉，不仅是因为他有过硬的军事素养，更重要的是他的敬业和忠诚的个人品质。作为一名军人，他忠于职守，勇于执行，用自己的实际行动为我们的国家出色地完成了任务，并载誉归来。实事求是的讲，罗文中尉是一个非常合格的信使！对于这样的赞誉之词，他受之无愧。

无可否认，现在在我们的周围存在有很多这样的人，他们对自己所从事的职业抱怨不断，总是感觉没有受到公正的待遇，于是在工作中他们从来不会全力以赴，更不会自动自发。不管是军队、政府还是企业，都会有这样人存在的身影。对于这些先生女士们，我想提醒他们的是：你们应该多多向罗文中尉学习一下。

最后，我希望各位女士们、先生们，不，不，这其中当然也包括我自己，我们大家都要学习罗文中尉的这种优良品质，在工作中充分发挥自己的聪明才智，以坚韧的精神和无畏的勇气克服工作和生活中遇到的种种困难，以忠诚和自动自发的精神去完成我们的任务，那么我们也会成为一名合格的信使！

女士们、先生们，无疑罗文中尉是全美国人民的骄傲!

你们呢？我相信有一天你们也会成为美国的骄傲的！

对此，我坚信不移!

美利坚合众国总统　威廉·麦金利

1898 年 5 月 18 日

威廉 · 亚德里：上帝，赐予我们罗文一样的人吧

100 多年以前，一个名叫哈伯德的人写了一篇关于一个美国士兵送信的故事。就是这篇看上去无关紧要的文章后来竟然成了印刷史上销量最高的出版物之一。这篇文章就是《致加西亚的信》。这篇文章在世界上引起如此大的轰动，玄机何在？

时光回放：那是 1899 年的一个傍晚，工作了一整天的哈伯德和家人围坐在火炉旁边喝茶聊天。在谈论的过程中，他们聊起了有关美西战争的故事。就在每一个人都为古巴起义军首领加西亚将军的英勇和智谋而喝彩时，哈伯德的儿子伯特却表达了自己与众不同的看法。“在我看来，”伯特肯定地说，“战役中真正的英雄不是加西亚将军，而是给他送信的罗文中尉。”儿子的话引起了哈伯德深深的思考。

当晚，哈伯德就写下了《致加西亚的信》这篇文章，第二天这篇文章就被发表在杂志上。起初哈伯德并没有注意这篇文章，但后来要求重印杂志的呼声越来越高，3 万份、5 万份、10 万份……这大大超过了哈伯德的意料之外。最后，哈伯德不得不给予那些需要大量份数的人印刷发行的版权，因为他的印刷能力承受不了。

随着时间的推进，哈伯德也逐渐搞清楚了人们为什么会对故事中那个名叫安德鲁·萨莫斯·罗文的无名之辈如此感兴趣的原因所在，那就是：世界上每个人都在寻找像罗文这样忠诚敬业、高度负责、勇于执行的人。

故事发生在古巴。在 19 世纪末，古巴岛上的西班牙士兵残酷压迫和奴役着那里的人民，古巴人民也正在为摆脱西班牙统治者、争取民主独立而斗争。出于地缘政治及巨大的经济利益的考量，美国对于古巴人民的独立事业相当关注。

1897 年，在哈瓦那大街上发生了古巴民族主义者与西班牙士兵之间的暴力冲突，引发社会动乱，美国在古巴的大量投资有可能血本无归。因此，麦金利总统在古巴境内派遣了主力舰——作为美国政府的显著标志，意在保护在古巴的利益不受损失。但出于国际形势的考虑，这艘战舰一直停靠在哈瓦那港湾，一直没有参加反对西班牙的战役。

然而，西班牙人似乎对于这种示威得以存在很反感，他们竟然在1898年2月15日的一个夜晚炸沉了这艘主力舰，而且出事地点离美国海岸甚至不足100英里，这次挑衅性的行动彻底激怒了美国。麦金利总统向西班牙下了最后通牒：要其撤军古巴。西班牙对此置若罔闻。时年4月，美国与西班牙开战，这就是历史上所称的美西战争。

宣战以前，麦金利总统会见了美国军事情报局局长阿瑟·瓦格纳上校，问道："到哪里可以找到一个把信送给加西亚的人？"因为与古巴起义军领导人加西亚取得联系并建立合作是美国对西班牙作战的关键步骤之一。但问题在于这个生于古巴的克里奥尔人加西亚将军是西班牙军队缉捕的对象，他行踪飘忽不定，没有人知道他在什么地方。

阿瑟·瓦格纳上校毫不犹豫地对总统说："我认识一个年轻的陆军中尉，安德鲁·萨莫斯·罗文。如果真的有人能够完成此任务，那么非他莫属。"

一小时后，给加西亚的信摆在罗文面前。罗文接过信件，什么都没有说，便踏上了寻找加西亚的旅途。

历经千难万险，罗文最终把信送给了加西亚并且带回了答复。而在出发前，罗文什么都没有问，他只是接受了命令而且做了他应该做的。

试想，在我们周围存在有罗文这样的人吗？有不对上司提出疑问就能把工作任务顺利完成的人吗？

也许世界上确实存在有这样的人，只不过少之又少而已。也正是因为少，他们才会尤其显得优秀，他们不仅仅会做别人要求他们做的，而且会超越其他人的想象，追求完美。

以下文字摘录于哈伯德文章的原文，让我们再来回顾一下吧！

我要强调的重点是，当麦金利总统把一封写给加西亚的信交到罗文手上时，罗文并没有问："加西亚将军在哪里？"

像罗文这样的人，我们应该在每所大学里为他塑造不朽的雕像，让青年人学习他这种全心全意、尽职尽责地去行动——"把信送给加西亚"。

……这样的经典句子不胜枚举。

但在现实生活中，在我们的周围却大量存在着这样一群人，他们做事懒懒散散、漠不关心、马马虎虎，并且这已经成为他们工作的常态；除非上司耳提面命、苦口婆心，甚至威逼利诱，否则他们绝不会积极主动地去把事情完成。

不信的话我们来做个试验：假定你此刻正坐在办公室里，身边有6名待命的职员。你对其中的一名职员说："请把本月的商品库存单统计一份给我。"

那个职员会静静地说："好的。"但是，他会立即去做吗？

事实上，他绝不会立即去做，他会满脸狐疑地看着你，然后接二连三地提出一些问题：本月的库存单一直都是月底才给你的啊？这事情不是一直由××负责的吗？为什么不让××来做呢？这件事情急不急啊？你要这个统计表做什么用途呢？……

一个多世纪过去了，人们的思维方式并没有多少改变，难道不是这样吗？回忆一下，在我们的周围，每当有人接受任务的时候是否总是会问一堆问题呢？试想，这样的人是那个能把信送给加西亚的人吗？

不可否认，这世间上能把信送给加西亚的人是很稀少的。社会上更多的人都是满足于平庸的现状，不思进取，过着平庸的生活。其实，成功不会对每一个人关闭大门，关键在于你做如何的选择。你可以选择"做一天和尚撞一天钟”的生活，也可以选择一个完美的生活。

在《圣经·马太福音》中记述了这样的一个故事：耶稣和他的信徒们经过长途跋涉后，又饥又渴。耶稣走到一棵茂密的无花果树下，却发现树上连一颗果实也没有。失望之余，耶稣诅咒了它。第二天，当他们路过这棵树的时候，一名信徒发现昨天还郁郁葱葱的无花果树已经枯死了。

对于这个故事，我最初的理解是，那棵树不结果实是因为没到季节。但是这样的理解又加深了我另一方面的疑虑：“万能的主啊，如果因为没有结果就诅咒致死，对那棵树的惩罚是否太过严厉了呢？要知道，在那个时间段所有的无花果树都是不结果实的。”

但是，在万能的上帝眼中，他当然是不希望我们只做那些自然就会发生的事情，不要只做那些舒适与方便的事情。在上帝眼中，那种生活是最平庸无奇的。耶稣以诅咒一棵小树为例，告诉我们：如果这颗无花果树能在一年中的某些天结果，那为什么不能每天都结出果实呢？——既然你可以选择做一个优秀的人，为什么我们不可以超越平庸呢？

平庸的生活无疑让人厌倦，让我们再来回顾一下哈伯德的如下金句：

近来，在我们周围有很多人，他们对社会上那些“勤奋工作却又备受压迫的工人”、“无家可归却仍在寻求温饱的流浪汉”等社会弱势群体报以深深的同情，同时还将那些雇主骂得体无完肤。但是换位思考一下，你是否注意到了有些雇主终其一生都在努力，想让那些不求上进的懒虫做点正经的工作，而到头来雇主的所有努力都是白费力气……我是否把问题看得太严重了呢？但这些问题确实存在于那些所谓的弱势群体身上。

社会中，我们都羡慕那些成功人士，也由衷地钦佩那些能够把信交给加西亚的人。接受任务——全力以赴——完成任务。这种人永远不会被解雇、也永远不必为了要求加薪而罢工。这种人不论要求任何事物都会获得。

对于我们个人而言，反省一下：“你是那个能够把信送给加西亚的人吗？”如果你坚信自己能够成功，那么我相信：你能行！

上帝，赐予我们罗文一样的人吧！

请坚信，成功是百分之一的灵感加百分之九十九的汗水。和那些消极的语言、情绪说再见吧，你惟一要做的就是立即做出决定，然后采取行动。如果你付诸于行动，你就能做到。

如果有人让我把信送给加西亚，我想我能做到。或许，听了我的回答，你会认为我太过自大了，但事实并非如此，这只是自信罢了。我只是坚信，如果你让我把信送给加西亚，我一定能够做到。同时，我也想让你把信送给加西亚，而且要做到最好！

把信送给加西亚，你准备好了吗？

马克 · 戈尔曼：这本书太让人震憾了

《致加西亚的信》这本小册子的内容简单归纳起来不外乎是告诫员工应该努力工作，培养敬业精神。但一个多世纪以来，它却被人们应用在很多其他领域。时至今日，翻越它你仍会发现这是一本让人震撼的书！

假如有人把这本书简单地理解为是一首为英雄而唱的颂歌，那么我就必须告诉他，这首先是一本优秀的励志著作，它不仅值得我们每一个人认真地阅读，同时，书中所褒扬的那种知难而进、始终充满信心地去完成任务的精神，更应该成为每个人为人处世的准则。

长久以来，这本小册子被美国西点军校和海军学院选为培训学员主动性意识的培训课程。因此，该书所倡导的精神在一代又一代的学员中产生了深远影响。

同时，这本书也成为政府机构公务人员培养敬业精神的首选读本。甚至有的政府机关则干脆把书以海报的形式张贴在公示栏上，以使工作人员能够在休息时间也能时刻领会和感悟这种精神。

本书甚至还深深影响到了美国前总统布什家族。1998年布什参加总统竞选时，来自奥兰多的律师赖特向布什推荐了本书。赖特律师长期在美国前总统老布什的麾下效力，后来则在老布什总统的儿子小布什总统的门下任职。但当时的布什对于赖特推荐的小册子相当不以为然，他甚至掂着这本小册子说："我怎么可能会对这样的东西感兴趣呢？"但赖特还是坚持了他的看法："我看你还是抽空翻看一下吧，或许一杯咖啡的时间就足够了。看完之后，我相信你一定会改变看法的。"当赖特再次拜会布什的时候，布什果真看完了这本书，他的反应正如赖特律师事先所预料的那样，布什甚至激动地说："这本书太让人震撼了，它说明了一切！"

布什甚至还把这本小册子赠给自己的工作助手，并在上面留下亲笔签名。现如今，这个只有支票簿大小的小册子还被放置在那名工作人员曾经使用过的办公桌上。布什在他的签名上写下的是这样一句话："你是一个送信人！"对此，他加以简要的说明："我把此本书献给那些一直支持我们的人。我时时渴望能得到那些能把信带给加西亚的人，并欢迎他们加入我们的队伍。我相信，那些主动而又忠诚的人，能够改变世界！"

下篇
罗文留给我们的思考

如果是在和平时期，作为一个信使把一个领导写给另一个领导的信送到对方手里，只是一件极平常不过的事情，是他所投递的数不清的信件中的一件。然而，要把一封困难程度、危险程度胜过“烽火连三月”的“特殊”信件送到对方手里则是一个奇迹。奇就奇在：第一，这件差事要用信使的性命做赌注；第二，收件人的地址不详；第三，信使不许有任何推托的借口。对于一个平常人来说，这就是一封根本无法送到的并危及自己性命的差事，但是罗文中尉却完成了这个任务。而他是如何完成的呢？这就是他留给我们的思考。

A Message To Garcia

接受任务无条件执行

完成任何一件任务的前提首先是无条件地接受，不管是完成任务的条件多么的困难和危险都不应该成为没有激情和不尽职尽责的理由。理解了这一点，一个人就可以在任何情况下履行自己的职责，完成要完成的任务。

也许，有人会说，如果我有一个好的工作，相当不错的薪水我也会有负责尽职的激情，即使冒点险也值。但如果我的工作很糟糕，工作环境很差，我当然没有必要去冒险。这种想法表面是在讲公平，其实质是缺乏责任的。

今天，每一个企业都在呼唤能够把信送给加西亚的人。成为把信送给加西亚的人，寻找把信送给加西亚的人，重用把信送给加西亚的人，成了今天职场的主旋律。在现代员工的眼中，一个好员工应该是一个能把信送给加西亚的人。

那么，罗文优秀在什么地方，我们应学习他什么呢？应该说，罗文首先是一个把服从指令当做履行最高责任的人。

当罗文面对那封写给加西亚的信时，并没有问："谁是加西亚？""他在哪儿？""我怎么才能找到他？""为什么要让我去？""这什么别人不能去？""对我来说，这意味着什么？"

在罗文的思想中，只有责任和义务，没有那么多的为什么。

罗文对加西亚一无所知，对古巴一无所知，对信的内容一无所知，他如果要问问题，至少可以问一百个问题。但是他知道此时问什么都是在想逃避责任，这是与军人的天职相违背的。

在我们的日常管理中，差不多每天都能听到这样的话和看到这些现象：

"为什么要我去做这件事？为什么不叫张三去？"

"这件事很麻烦，我做不了，你能不能安排别人去做？"

"这种质量客户能接受，我保证；我以前就是这样做的，这次为什么要这么认真？"

“我们以前一直就是这么做的，现在为什么要改，不改行不行？”

“不一定要做得这么好，没有必要，客户又不知道！”

“这不是我的事，是某某的事，他老是做不好！”

“哦，这是 ×× 部门的事，和我们没关系。”

“对不起，我没办法做到这一点。”

“没有办法，今天做不出来，明天再看吧。”

不停地问一些愚笨的问题，不断找出各种各样的借口来推脱，敷衍了事、马马虎虎，讲价钱讲条件，拖拉，抱怨，漫不经心，投机取巧。说穿了，所有的借口及托词都是幌子，这些人压根儿就没打算把事情做好。他们老在怀疑上司、同事以及老板，老认为自己比别人做得要多，老觉得自己受到了不公平的待遇，老怕吃亏，老在猜忌，老在偷懒，老在逃避。如果你让他“送封信给加西亚”，他的回答一定就是：“这个我送不了，还是你自己去送吧。”

这种不能把信送给加西亚的人，不是企业和老板所需要的人。

作为一名优秀员工，应该具备罗文一样的精神，对待上级交待的任务，应立即采取行动，而不是去讨价还价谈条件。

作为一个好员工，对于自己的本职工作和岗位职责，对于领导经过研究交办给我们的任何事情，都应该积极主动地接受、积极主动地完成，而且要做到迅速、快捷、全力以赴。摒弃拖拖拉拉、漫不经心、三心二意的工作态度和玩世不恭的生活态度；克服对工作推诿塞责、固步自封、吊儿郎当的工作心态。要把完成任务作为检验自身能力、实现人生价值的重要途径和有效手段，想尽一切办法，下最大力气去做好，做到更好，乃至最好。

对于领导交给的工作任务，不要管它是不是自己分内的工作，都要把它作为领导对我们的信任，而竭尽全力地去完成。

史军大学毕业之后进入一家保险公司工作，因为他工作优异，所以公司领导便指派他为公司业务代表。这是一项很让人头痛的工作，对于这一点，史军是清楚的，因为很多人都对保险公司业务员敬而远之。工作开展起来很困难。

办公室的其他业务员整天对自己的这份工作抱怨不停，“如果我能找到更好的工作，我肯定不会在这里待下去。”尽管史军对领导的指派是不满意的——这是一个不是领导但要负领导责任的工作，可他还是接受了。

于是，史军主动去寻找客户源。他熟记公司的各项业务情况，以及同类公司的业务，对比自己公司和其他同类公司的不同，让客户自己去选择。虽然一些人很希望多了解一些保险这方面的常识，但是他们对保险业务员的反感使他们在这方面的知识很欠缺。史军知道这些情况后，主动在社区里办起“保险小常识”讲座，免费讲解。

人们对保险有了更多的了解，也对史军有了好印象。这时，史军再向这些人推销保险业务时，大家不再反感，反而乐于接受。

史军的工作业绩从此开始突飞猛进。不难看出史军是一个像罗文一样，能够“把信送给加西亚”的人。这也是史军为什么获得成功，而其他人依然碌碌无为的原因。

身处职场，无论是谁，都处在这样那样的职位和工作岗位上，不管是岗位选择了你，还是你选择了岗位，都是一种机遇、一种选择。既然你身处这个岗位，就要一门心思去干好这个工作，争取做到最好。

“有志者，事竟成。”罗文接到任务后，并不是没有困难、没有顾虑，但是他并没有被困难吓得停滞不前。

他有“只要还能往前迈出一步，就不会放弃，决不会屈服”的决心，所以，他成功了。我们在工作中，在做任何事情时，即使跌倒，也要再爬起来，抖落尘土，继续努力，直到成功！

服从是属下的义务

作为组织中的下属，在接到命令的时候如果根据自己的意愿来确定是服从还是不服从，这是要受到组织制裁的。“命令”之所以为命令，就在于它是不容商榷的，它要求绝对服从，迅速执行。因此，对命令的服从是义务和责任，而不是选择。

任何组织的活动，都是通过各种层次和形式的命令来执行落实的，没有命令和服从以及对命令的执行落实，任何组织都做不成任何事情。

在德国的一个小站火车里，曾发生这样一件事。一位扳道员去为一辆徐徐驶近的旅客列车扳动道岔。这时，需要变轨的火车已经临近，就在他要扳动变轨把手时，他猛然发现自己的小儿子正在要通过列车的铁轨上玩耍。

怎么办？是立即飞奔过去把儿子抢救上站台，还是让迎面驰来的列车相撞？但责任让他无条件地选择了后者。他一面扳道岔，一面向自己的儿子大吼一声："卧倒！"就在他扳动道岔之后的一眨眼工夫，这辆火车安全地进入了预定的轨道。

他的儿子呢？由于平时习惯了服从父亲的命令，他没显出丝毫的慌乱，在听到父亲命令的一刹那，立即笔直地躺倒在铁轨中央。一列满载旅客的火车从他的头顶呼啸而过。

列车安全通过了，可这位扳道员的儿子呢？那位父亲向着儿子的方向狂奔而去，不敢想象儿子那惨不忍睹的惨状。然而，他的儿子活着，而且未受一点损伤！

据说，德皇知道了这位扳道工人的举动，就找人把他召来，奖给了他一枚荣誉勋章，一方面奖励他极端律己尽职的行为，另一方面也感谢他教育出了一个服从命令的儿子。

这个真实的故事给我们的启示很大。你想想，在这千钧一发之际，如果这位扳道工对是否服从岗位职责的命令有半点犹豫，如果他的儿子对父亲的命令有半点迟疑，后果会怎样？

我们都知道，服从是军人的天职，其实服从也是员工的天职，因为在工作中和在战争中一样，都有一些生命攸关和成败一举的时刻，就像这位父亲和儿子面临的时刻，在此，一刻也容不得我们来讲什么道理，绝对的服从就是绝对的道理，那道理就是生命。

当然，绝对的服从有时候是以牺牲为代价的，但一个真正的战士和员工知道这种牺牲的价值，尽管他们可能说不出其中的道理。

19世纪下半叶，一位名叫亨利的农民住在巴黎近郊，他和妻子带着三个孩子过着清贫的日子。经过多年的辛勤工作和清苦生活，终于积攒了一笔钱，买下了他们已经居住了十来年的小农舍。

农舍虽小，却是红瓦白墙，屋后有一个精心调理的小花园，园里栽满了招人喜爱的各色植物。在把这幢小房子买下来的那一天，全家举行了一个小小的宴会来庆祝。

不久，德法战争爆发了。亨利应召入伍，因为他曾是一名精准的炮手。

亨利居住的村子很快落入敌手，村民们都随着逃难的人群远走他乡，但法国的一支炮兵部队依然占据着河对岸的高地，亨利就在其中。

在一个冬日，亨利正在一门大炮前当班。一位名叫诺艾尔的将军走了过来，用望远镜仔细望了望河对岸的小村。

“喂，炮手，”将军没有回头，用尖利的嗓音说。

“是，将军！”亨利高声答道。

“你看到那座桥了吗？”

“看得很清楚，将军。”

“看到左边那所小农舍了吗？就在丛林后面。”

亨利的脸色煞白：“看到了，将军。”

“这是德国人的一个住宿地。伙计，给它一炮。”

炮手的脸色更加惨白。这时风很大，天气寒冷，裹着大衣的副官们在凛冽的寒风中打着寒战，但亨利的前额却冒出了大粒汗珠。周围的人们没有注意到这位炮手的表情变化。亨利服从了命令，仔细地瞄准目标开了一炮。

硝烟过后，军官们纷纷用望远镜观察河对岸的那块地方。

“干得棒，我的战士！真不赖！”将军微笑地看着炮手，不禁喝起彩来，“看来，这农舍不太结实，它全垮啦！”

可是，将军吃了一惊，他看到亨利的脸上挂着两行热泪。

“你怎么啦，炮手？”将军不解地问。

“请您原谅，将军，”亨利用低沉的喉音说，“这是我的农舍，在这世界上，它是我仅有的一点财产。”

将军沉默了。过了一会儿，他充满敬意地对炮手说：“我为你难过，也为你骄傲，因为你得到的比你失去的多得多。”后来，诺艾尔将军提升了亨利的军衔。

美国著名将军艾森豪威尔曾对他的部下说：“当需要你发表意见的时候，你要坦而言之，尽量陈述你的理由。而一旦上司决定了什么，你就要坚决服从，努力执行，这时候需要的是激情和行动，而不是冷静和聪明。因为，军队是一个上下贯通的命令系统，任何一个环节出现违抗命令和执行命令的迟疑都可能酿成不堪设想的后果。”

其实，企业也是一个命令系统。在一个企业中，若下属不能无条件地服从上司的命令，在达成共同目标和实现目标的过程中就会出现障碍，反之，如果命令系统的运转正常，此企业必会胜人一筹。如果把企业比喻成人体的话，那么高层就是头脑，主要责任是决策——做正确的事；中层相当于腰杆，主要的责任是执行——正确地做事；而一线基层则相当于双腿，责任是操作——迅速完成任务，把事情做正确。显然，企业如果缺乏服从执行的力度，就不会有高的效率，就赶不上竞争的对手，甚至有被淘汰的危险。

执行，不找任何借口

执行命令，不找任何借口予以拒绝和拖延是正确和理智的选择，执行上级命令是组织原则，是整个组织的利益所在，是集体的意志，在命令面前寻找任何借口予以拒绝，都是对集体利益的损害和挑战，都要受到组织的制裁。

一支部队、一个团队，或者是一名战士或员工要完成上级交付的任务就必须具有强有力的执行力。接受了任务就意味着作出了承诺，而完成不了自己的承诺是不应该找任何借口的。可以说，没有任何借口是执行力的表现，这是一种很重要的思想，体现了一个人对自己的职责和使命的态度。思想影响态度，态度影响行动，一个不找任何借口的员工，肯定是一个执行力很强的员工。可以说，工作就是对命令的最好落实。

如果不把美国的西点军校仅仅看作是一所陆军学校的

话，我们很快就会发现，西点军校的很多训练方法和思想应用于企业特别有效。比如在西点，军官向学员下达指令时，学员必须重复一遍军官的指令，然后军官问道："有什么问题吗？"学员通常的回答只能是："没有，长官。"学员的回答就是作出承诺，就是接受了军官赋予的责任和使命。就连站军姿、行军礼等千篇一律的训练，都无一不是在培养学员的意志力、责任心和自制力。在这样的训练中，西点军校的文化慢慢渗透到了每一个学员的思想深处。它无时无刻不在激励着你，让你总是具有饱满的热情和旺盛的斗志。

喜欢足球的朋友都知道，德国国家足球队向来以作风顽强著称，因而在世界赛场上成绩斐然。德国足球成功的因素有很多，但有一点为人们所特别看重，那就是德国队队员在贯彻教练的意图、完成自己位置所担负的任务方面执行得非常得力，即使在比分落后或全队困难时也一如既往，没有任何借口。你可以说他们死板、机械，也可以说他们没有创造力，不懂足球艺术。但成绩说明一切，至少在这一点上，作为足球运动员，他们是优秀的，因为他们身上流淌着执行力文化的特质。无论是足球队还是企业，一个团队、一名队员或员工，如果没有完美的执行力，就算有再多的创造力也可能没有什么好的成绩。

锋士·隆巴第，美国橄榄球运动史上一位伟大的橄榄球队教练，在他的带领下，美国绿湾橄榄球队成了美国橄榄球史上最令人惊异的球队，创造出了令人难以置信的成绩。看看锋士·隆巴第的言论，能从另一个方面让我们对执行力有更深刻的理解。

锋士·隆巴第告诉他的队员："我只要求一件事，就是胜利。如果不把目标定在非胜不可，那比赛就没有意义了。不管是打球、工作、思想，一切的一切，都应该'非胜不可'。"

"你要跟我工作，"他坚定地说，"你只可以想三件事：你自己、你的家庭和球队，按照这个先后次序。"

"比赛就是不顾一切。你要不顾一切拼命地向前冲。你不必理会任何事、任何人，接近得分线的时候，你更要不顾一切。没有东西可以阻挡你，就是战车或一堵墙，或者是对方有 11 个人，都不能阻挡你，你要冲过得分线！"

正是有了这种坚强的意志和顽强的信心，绿湾橄榄球队的队员们拥有了完美的执行力。

巴顿将军在他的战争回忆录《我所知道的战争》中曾

写到这样一个细节：

“我要提拔人时常常把所有的候选人排到一起，给他们提一个我想要他们解决的问题。我说：‘伙计们，我要在仓库后面挖一条战壕，8 英尺长，3 英尺宽，6 英寸深。’我就告诉他们那么多。我有一个有窗户或有大节孔的仓库。候选人正在检查工具时，我走进仓库，通过窗户或节孔观察他们。我看到伙计们把锹和镐都放到仓库后面的地上。他们休息几分钟后开始议论我为什么要他们挖这么浅的战壕。他们有的说 6 英寸深还不够当火炮掩体。其他人争论说，这样的战壕太热或太冷。如果伙计们是军官，他们会抱怨他们不该干挖战壕这么普通的体力劳动。最后，有个伙计对别人下命令：‘让我们把战壕挖好后离开这里吧。那个老畜牲想用战壕干什么都没关系。’”

最后，巴顿写到：“那个伙计得到了提拔。我必须挑选不找任何借口地完成任务的人。”

无论什么工作，都需要这种不找任何借口去执行的人。对我们而言，无论做什么事情，都要记住自己的责任，无论在什么样的工作岗位上，都要对自己的工作负责。不要用任何借口来为自己开脱或搪塞，完美的执行是不需要任何借口的。

接到指令后就要立即执行与落实

在任何时候，下级对于上级的指令不应有任何怀疑和拖延的意识，任何怀疑和拖延都是对组织秩序和活动目标的游移和破坏。这是组织所不能接受和允许的。

寻找借口的一个直接后果就是拖延或逃避，而拖延是最具破坏性、最危险的恶习，它使你丧失了主动的进取心。而拖延的结果就是组织计划的落空和失败。惟一的解决良方，就是立即行动。

做事拖延的员工决不是称职的员工。如果你存心拖延逃避，你就能找出成打的借口来辩解为什么事情不可能完成或做不了，而为什么事情该做的理由却少之又少。把“事情太困难、太昂贵、太花时间”种种借口合理化，要比相信“只要我们够努力、够聪明、衷心期盼，就能完成任何事”容易得多。我们不愿许下承诺，只想找个借口。如果你发现自己经常为了没做某些事而制造借口，或是想出千百个理由来为没能如期实现计划而辩解，那么等待你的将是组织纪律和事业失败的双重惩罚。

富兰克林说：“把握今日等于拥有两倍的明日。”将今天该做的事拖延到明天，而即使到了明天也无法做好的人，占了大约一半以上。应该今日事今日毕，否则可能无法做大事，也不太可能成功。所以应该经常抱着“必须把握今日去做完它，一点也不可懒惰”的想法去努力才行。因此，只要做下去就好，在做的过程当中，你的心态就会越来越成熟。能够有开始的话，那么，不久之后你的工作就可以顺利完成了。”

具体地说，拖延或不能迅速地执行具有两方面的危害，一是失去成功的机会。这可以用一个老故事来说明：

说从前有两个猎人在看到由远而近飞过来的大雁，一个人说猎物来了，另一个说，我们射下来之后烤着吃吧。而另一个反驳说，还是炖的香。正在他们俩为烤着吃还是炖着吃相互争论的时候，大雁已经飞远了，他们俩的结果是连大雁味都没闻到。

二是结果不完美，留下遗憾。

贝聿铭是一们著名的华裔建筑师，他认为自己设计最失败的一件作品就是北京香山宾馆。他在这座宾馆建成后一直没有去看过，认为这是自己一生中最大的败笔。

实际上，在香山宾馆的建筑设计中，贝聿铭对宾馆里里外外每条水流的流向、大水、弯曲程度都有精确的规划，对每块石头的重量、体积的选择以及什么样的石头叠放在何处最合适等等都有周详的安排，对宾馆中不同类型鲜花的数量、摆放位置，随季节、天气变化需要调整不同颜色的鲜花等等都有明确的说明，可谓匠心独具。

但是，工人们在建筑施工的时候却忽于执行，根本没有意识到正是这些“细节”方能体现出建筑大师的独到之处，随意“创新”，改变水流的线路和大水，搬运石头时不分轻重，在不经意间“调整”了石头的重量甚至形状，石头的摆放位置也是随随便便。看到自己的精心设计被无端演化成这个样子，难怪贝聿铭要痛心疾首了。

因此，香山宾馆的失败不能归咎于贝聿铭，而在于员工的执行不到位。

可见，一个计划的成败不仅仅取决于设计，更在于执行。如果执行得不好，那么再好的设计也只能是纸上蓝图。惟有执行得好，才能完美地体现设计的精妙。成功的执行者都是立即行动的高效执行典型。

生活中，总有很多事情需要去做，如果你正受到怠惰的钳制，那么不妨就从碰见的任何一件事着手。是什么事并不重要，重要的是你突破了拖延的恶习。从另一个角度来说，如果你想规避某项杂务，那么你就应该从这项杂务着手，立即进行。否则，事情还是会不断地困扰你，使你觉得烦琐无趣而不愿意动手。

假如你应该打一个电话给客户，但由于拖延的习惯，你没有打这个电话。你的工作可能因这个电话而延误，你的公司也可能因这个电话而蒙受损失。

为了按时上班，假定你把闹钟定在早晨6点。然而，当闹钟闹响时，你睡意仍浓，于是起身关掉闹钟，又回到床上去睡。久而久之，你会养成早晨不按时起床的习惯，同时，你又会为上班迟到而寻找借口。

立即行动！这句话是最惊人的自动起动器。任何时刻，当你感到拖延苟且的恶习正悄悄地向你靠近，或当此恶习已迅速缠上你，使你动弹不得之际，你都需要用这句话来提醒自己。

服从是执行力得以落实的前提

服从是执行的第一步，处在服从者的位置，就要遵照指示做事。服从的人必须暂时放弃个人的独立自主，遵循所属机构的价值观念。在世界著名的美国西点军校，即使是立场最自由的旁观者，都相信一个观念，那就是“不管叫你做什么都照做不误”，这样的观念就是服从的观念。

西点人认为，军人职业必须以服从为第一要义，学不会服从，不养成服从观念，就不能在军队中立足。1945 年 6 月 30 日，在准备装入“201 档案”的巴顿将军工作能力报告时，布莱德利将军给巴顿写了一个不同寻常而又合情合理的评语：“他总是乐于并且全力支持上级的计划，而不管他自己对这些计划的看法如何。”

西点人认为，服从是自制的一种形式。西点要求每一个学员都去深刻体验身为一个伟大机构的一分子——即使是很小的一分子，具有什么样的意义。

西点的每一分子，对于个人的权威止于何处，团体的权威又始于何处，都会有清楚的认识。对西点人来讲，对当权者的服从是百分之百的正确。因为他们认为，西点军校所造就的人才是从事战争的人，这种人要执行作战命令，要带领士兵向设有坚固防御之敌进攻，没有服从就不会有胜利。

一位毕业于西点的现役军官对此做了非常生动的描述："上司的命令，好似大炮发射出的炮弹，在命令面前你无理可言，必须绝对服从。"一位西点上校讲得更为精彩："我们不过是枪里的一颗子弹，枪就是美国整个社会，枪的扳机由总统和国会来扣动，是他们发射我们。"曾有人说，黑格将军所以被尼克松看中，就是因为他的服从精神和严守纪律的品格。需要他发表意见的时候，坦而言之，尽其所能；对上司已做了决定的事情，就要坚决服从，努力执行，绝不表现自己的小聪明。

这就是西点对学员的训诫和要求，西点为什么要这样做呢？请看一看一位毕业于西点的将军给一位西点学员父亲的信："为什么我们让这些孩子经受四年斯巴达式的教育！他们住在冷冰冰的兵营，上午 9 点 30 分之前不能往垃圾桶里倒垃圾，水池必须始终干净，不堵塞。如此多的规定和规则，为什么？因为一旦毕业，他们将被要求全无私心。在军队的这么多时间内，他们将要吃苦，将在圣诞节远离家庭，将在泥地上睡觉。这份工作有许许多多的东西让他们把自我利益放在次要地位——因此，必须习惯这样。”背上有痒不能抓，这能够有什么好处呢，西点学员知道，军人就是要连背痒都能忍得住。如果一支部队里士兵都在左摇右晃拼命抓痒，还能称得上是训练有素的部队吗？

服从是行动的第一步，处在服从的位置上，就要遵照指示做事。服从的人必须暂时放弃个人的独立自主，全心全意去遵循所属机构的价值观念。一个人只有在学习服从的过程中，才可能会对其机构的价值观念、运作方式有更透彻的了解。

当然，西点的训诫和要求是从军事指挥的角度来制定的，在企业中不能机械地照搬。而且，并不是所有上司的指令都正确，上司也会犯错误。但是，一个高效的企业必须有良好的服从观念，一个优秀的员工也必须有服从意识。因为上司的地位、责任使他有权发号施令；同时上司的权威、整体的利益，不允许部属抗令而行。一个团队，如果下属不能无条件地服从上司的命令，那么在达成共同目标时，则可能产生障碍；反之，则能发挥出超强的执行能力，使团队胜人一筹。

曾有一位著名的田径教练，对在手下训练的所有运动员都有一项要求，就是必须把头发剪短。据说，他的理由是：问题并不在于头发的长短，而是在于他们是否服从教练。

可见，纵然不懂教练的意图，但不找借口地服从，这才是教练所期望的好选手。同样，不找借口地服从并执行，这才是企业所期望的好员工。

忠诚是一种品质的体现

忠诚不仅仅是人之为人最基本的美德，忠诚更是一种崇高的义务。忠于自己的国家，忠于自己的团队和企业，忠于自己的职责和使命，这一切都决定着一个人是否对国家、团队负责任。

我们知道，一个脱离了团体的人是非常脆弱的。人的一生归属于各种团体：家庭、学校、企业、国家以及各种组织。在这种归属中，个人才能得到保护，并发挥自己的才干以获得成功。因此，个人归属于团体是个人赖以生存的基本条件，而维护这种归属关系就是每个人的基本义务。所谓“忠诚”指的就是个人归属于团体的义务与道德。

个人归属于团体的义务与道德首先指的是个人对团体利益的无条件维护，因为只有自己所属的团体好了，自己以及同属于一个团体的人才会幸福，因此，最高的忠诚就是不求回报地做有利于团体的事。

在离罗马城不远的一个小农场上住着一位名叫辛辛纳图斯的人，他曾担任该地区的最高长官，但由于某种原因，他失去了所有的财富和官职，他变得很贫穷，不得不亲自耕作。

当时在离罗马不远的群山中住着一个好斗的半开化部落，他们一直与罗马为敌。他们说动了另一个勇猛的部落与他们合作，一路烧杀抢掠，直指罗马。他们声称要攻破罗马的城墙，烧毁房屋，屠杀百姓，将妇女和儿童掠作奴隶。十分自信而勇敢的罗马人一开始并不觉得有多危险，他们都认为把山地部族赶回老家是件很容易的事情。

但一天早晨，五名骑兵从山那边疾驰而归，人和马都沾满了尘土和血迹。

进城后，他们很快就抵达了元老们的所在地，跳下马说明了情况。

他们说："就在昨天，当我们的军队正穿过一条狭窄山谷时，中了埋伏。我们十个人快马加鞭往外冲，但只有五个人冲出了包围圈，另外五个人被他们用投枪击中落马。哦，罗马的元老们！赶快派人援救我们的军队，否则所有人都将被屠杀，我们的城市将被占领。”

白发的元老们问：“我们该怎么办，除了守卫和男孩，我们还能派谁去？有谁能有足够的智慧来领军拯救罗马？”大家都播头，面色凝重，因为一切似乎都毫无希望。过了一会儿，有人说：“去找辛辛纳图斯，他能帮我们。”

被派来找辛辛纳图斯的人急匆匆地赶到他的家时，他正在田里犁地。他停下手中的活，和气地跟他们打招呼，等着他们开口。他们说：“穿上你的斗篷，辛辛纳图斯，听候罗马人民的吩咐。”辛辛纳图斯不知道他们什么意思。他问道：“罗马没事吧？”他让他的妻子回家取他的斗篷。她取来了斗篷，辛辛纳图斯用手掌和手臂拂去了上面的尘土，将它披在肩膀上。而后几位使者向他讲述了他们的使命：“罗马人民任命你做他们的统治者和罗马的统治者，你可以自由行事。元老们请求你立即动身前去抗击我们的敌人，那些好斗的山地部族。”

听完这番话，辛辛纳图斯把犁扔在了田里，匆匆赶往罗马。在罗马，他将守卫和男孩们武装起来，亲自带领他们解救被困的罗马军队。几天以后，罗马城里一片欢呼，因为辛辛纳图斯带来了好消息，山地部族被打败了。辛辛纳图斯率领罗马军队与男孩和守卫一起胜利而归，他拯救了罗马。

辛辛纳图斯本可以自任国王，因为他的话就是法律，没有人胆敢冒犯他。但在人民还没来得及感谢他所做的一切时，他将权力还给了罗马的元老们，回到他的小农场继续扶犁耕作。辛辛纳图斯只当了16天罗马的执政官。他说："我执政是为了罗马，我将权力还给元老们也是为了罗马，一切为了罗马是我的义务。"

像辛辛纳图斯一样，在美国独立战争中，当美军在约克郡获胜后不久，一名大陆军军官致信乔治·华盛顿，认为新获解放的殖民地"永远不能成为共和政体国家"，他建议成立以华盛顿为国王的王国"。华盛顿立即撰写了回信。就像两千多年前的辛辛纳图斯一样，华盛顿忠诚于国家的利益，而非自身的利益。

在企业界我们也能找到以忠诚为崇高义务的例子。中国上海的外滩据说是东方的华尔街，那里洋行林立，建筑非凡。其中有一座西方风格的雄伟建筑是著名的汇丰银行。据说修建这幢建筑的不是英国人，而是一个中国老白领。他是这家外国银行的高级雇员，薪俸可观。可最终他倾其一生的积蓄，买了这块地，从欧洲运来巨石，煞费苦心地为汇丰远东的事业发展，奠定下这份基业。

很多知道内情的人都很纳闷，这个老白领为什么不为自己考虑？为什么将自己辛辛苦苦从公司挣来的钱又用回了公司？老白领没有说什么，但留下了一座忠诚的人格丰碑，耸立在外滩上。现在，每看到这座建筑，它那巍峨的石头身躯让人敬仰，尤其是那位老白领把忠诚于自己的公司当作无私的义务的时候，他的人格也像这座建筑一样伟大。

目的是保证组织的成功

任何时候，任何情况下，个人的利益都服从于组织的利益，这是一个很显见的道理，没有组织利益，个人利益就是无源之水，很快就会干涸。

组织的成功意味着组织中全体成员的成功，也就是说，你必须认识到，只有组织成功了，你个人才更有发展前景。组织和员工的关系不是简单的附属关系，而是绑在一辆战车上的战斗团队，是“一荣俱荣，一损俱损”的利益共同体，认识到这一点，你很快就能在工作中找到自己的位置并能很快赢得老板的认可。

好员工要帮助组织成功，而不仅仅是为自己挣薪水。组织的利益比员工个人的利益要大得多。组织挺不住，员工非但不能增加薪水，可能还要削减薪水，甚至最坏的结果只能卷包走人。相反，如果你帮助组织解脱困境后，为组织独当一面，挑起大梁，开拓打拼，组织成功之日，也是你受益之时。

杰克是一位国际市场部总经理助理，他接到了一项紧急任务，根据公司老板的笔记准备好业务进展曲线图表。起草图表时，他注意到老板笔记中记的是：“美元坚挺，则出口就会增加。”杰克知道，事实恰恰相反。于是，便通报老板，并告知已经纠正了这一错误。老板很感谢杰克发现了他的疏忽。当第二天向上呈报未出丝毫纰漏后，老板对杰克做出的努力再次道谢，不久，杰克发现自己的薪酬有所增加。

决策或决定关系组织任务的成败，帮助老板摆脱困境就是在坚持组织的工作。这些难题也许不是你的分内工作，可是这些难题的存在却阻碍着团队的前进，如果你能够帮助老板解决这些难题，无疑，你在成功的路上会进展得更快。

优秀而聪明的员工心里清楚组织的目标，并把组织的目标也当成自己的目标。并竭尽所能和自告奋勇地帮助解决难题，拓展思路，开创工作新局面。

卡尔是某学院的部门助理，他的老板罗格负责管理学生和教职员工。极其糟糕的签到系统使学生们常常因还未上课就被记名，许多班级拥挤不堪，而另一些班级却又太小，面临被注销的危险。意识到罗格承受着改进学生签到系统的压力，卡尔自告奋勇组织攻关，负责开发一个新的体系。老板高兴地同意了他的意见，于是这个攻关小组开发出一个大有改进的系统。之后的一次组织机构改组中，罗格升任了主任，随即，卡尔被提升为副主任。对卡尔开发并成功地完成了这套系统，罗格给予了高度赞扬。

一般说来，时刻和老板保持一致并帮助老板取得成功的人，往往最终会成为企业的中坚力量，自己也会成为令人艳羡的成功人士。

任何人都清楚，个人的成功是建立在团队成功之上的，没有企业的快速增长和高额利润，我们也不可能获取丰厚的薪酬。

完成任务要全力以赴

在接受上级下达的指令上，服务与立即行动和全力以赴是一个系统行动，不可偏就，如果接受任务很爽快，但对命令的落实敷衍了事，不求其解，是依然完不成任务的。

在工作中保持积极进取的激情是事业成功的保证，但工作中有太多的挫折和困难又会让我们灰心丧气，一蹶不振。如何解决这个矛盾呢？有的人把自己精神状态的好坏一味归因于工作的环境和条件，他们抱怨老板太苛刻，抱怨办公条件太差，抱怨同事不合作，抱怨自己不走运……他们在抱怨和愤愤不平中耗尽了工作的激情，也葬送了自己在公司的前途。另一些人与他们不同，他们在遭遇挫折和困难的时候，不是抱怨环境和外在条件，而是积极地调整自己的心态，他们知道打败精神的不是环境，而是精神本身，决定命运的不是外部条件，而是自己内在的选择，因此，他们能凭借自己的智慧，挽救濒临崩溃的精神，守护工作的激情，走出眼前的困境。

即使是当面接受了领导下达的任务指令，但在实际执行中，无论是工作效率还是工作质量都会大打折扣，这样的人是不能胜任任何有意义的工作的。

思想懒惰，说到底就是缺乏强烈的事业心和责任感。作为一名称职的员工，对工作、对事业，不仅要手到脚到，更主要的是抓紧落实。

曾经有一个公司老板，他计划招聘一个员工。在招聘考核时，他采用了一个独特的方法。他对应征的30个年轻人说："这里有一个标记，那有一个球，我们考核的内容是，在6米处用球击打标记，一个人有7次机会，谁击中目标的次数越多，就雇谁。"结果在规定的时间内，没有一个能击中标记的。于是老板宣布："明天的同一时间，进行第二次考核，如再没有击中标记者，他会再招聘新人。"

第二天，只来了一个人，他说自己已经准备好测试了。结果，那天他每次都击中靶心。"你怎么能做到呢？"雇主惊讶地问道。

这个孩子回答说："哦，我非常想得到这个工作来帮助家里，所以，昨天晚上我在棚屋里练习了一整夜。"不用说，他得到了这份工作，因为他不仅具备了工作所需的基本素质，而且表现了自己的优秀品质。

戴尔·卡耐基曾说过："我有一份坚定不移的信念，确知人类最迫切需要解决的问题就是为自己塑造一套正确的、积极的思考方式。如果能做到这点，即能顺利地解决所有的困境与难关。"事实确实如此，只有当我们赋予工作意义的时候，才能产生正确与积极的思考方式与工作态度。

要做好自己的本职工作，首先得喜欢上你所从事的工作，不管它看上去是多么枯燥乏味，只有喜欢，你才能倾注你的热情，而热情是做好事情的先决条件。

在必治妥施贵宝公司的事业部门中，有位生产线上的作业员，她的主要工作是负责将翻倒的瓶子捡起来以确保生产线不会因此阻塞。这是一个再简单不过的工作，但如果你不全神贯注，或因工作简单思想松懈，实际上让人担心的阻塞现象就可能发生。但让人欣慰的是，这位女作业员整天一刻不停地盯着生产线看。这原本是非常枯燥乏味的工作，但是当她真正认识到工作的意义，并对它有了一个美妙的体验而激发出极大自豪感的时候，她的工作态度有了极大的转变。

她说："以前，我总能很骄傲地说出我是在必治妥施贵宝公司工作，但当别人问到我做这么简单的工作何必那么认真时，我就会开始转变话题，因为，对我来说，要告诉别人我是这个团队的一份子，而我们的责任就是，倾我的全力，以最合理的成本为全世界的婴儿与母亲制造出品质最好的产品。"

从这个故事里我们可以发现，以前这位女士只是在她单调的工作岗位上埋头苦干，现在她清楚地知道了工作的目标，她开始感受到自己这份工作的意义，努力地提升工作品质与生产力，并且对这样的新角色感到自豪。正是这种自豪感，让她热爱上了自己的工作，并且将它们做得更好。

要做好你的工作，你首先得爱上你所从事的职业，喜爱你的本职工作，这会让你在工作上产生本质上的变化。同样的工作内容和方式，如果你的工作态度和工作热情却有了很大的改变，原本单调的工作便会升华成为精致的服务，由工作的本体转变到广大顾客的福祉上。改变你的心态，了解并掌握工作的意义和工作中的乐趣，你就会成为工作的真正拥有者。

完成任务不能缺少自信

不能把接受任务看做是无可奈何的事，而应该把接受任务看做是一种荣誉、一种责任和使命，并且树立信心去完成它。

自信心对于完成任务的意义巨大，这是因为自信可以释放人的各种力量：比如：胆量、英勇、坦诚、开朗、乐观、豁达、谦虚、热情，自信的人热爱生活，无所畏惧，看问题较客观，较易接受现实，对自己较负责，较易控制自己的情绪。那么，怎样才能建立自信呢？

要成为自信的人，首先要改变自己心中做人的标准，正确对待社会和他人的贬抑性评价，充分认识，肯定自我的长处和优势，改变对自己的认识。社会的评价并不是完全正确的，切不可屈从社会的贬低和鄙视，否定自己的过人之处。一个人的品行、成就永远不会超过其自信心的限度。

要提高自己的自信心，不要轻易说自己不能，而要说让我试试！凡事不应该常怀奢望，要勇于尝试。要知道，任务是不可知的，是上级根据当时目标和条件制定的，而且不同的时间和阶段，组织任务都是不同的，也没有谁能肯定完成任务，但完成任务的信心却不可没有。

是否有人注意到，无论在教堂、教室或会议室等各种聚会中，后面的座位是怎么先被坐满的吗？大部分占据后排座位的人，都希望自己不会“太显眼”，而他怕受人注目的原因就是缺乏信心。你可以挑前面的位子坐。

坐在前面能建立信心。把它当作一个规则试试看，从现在开始就尽量往前坐。当然，坐前面会比较显眼，但要记住，有关成功的一切都是显眼的。

不知你注意没有：一个人的眼神可以透露出许多有关他的信息。某人不正视你的时候，你会直觉地问自己：“他想要隐藏什么呢？他怕什么呢？他会对我不利吗？”

不正视别人通常意味着：在你旁边我感到很自卑；我感到不如你；我怕你。躲避别人的眼神意味着：我有罪恶感；我做了或想到了什么我不希望你知道的事；我怕一接触你的眼神，你就会看穿我。这都是一些不好的信息。正视别人等于告诉他：我很诚实，而且光明正大。我相信我告诉你的话是真的，毫不心虚。

要让眼睛为你工作，就是要让你的眼神不只是用来看路、看电脑，更应专注别人，这不但能给你信心，也能为你赢得别人的信任。

另外，把你走路的速度加快 15%，你会找到自信的感觉。

大卫·史华兹还是少年时，到镇中心去是很大的乐趣。在办完所有的差事坐进汽车后，母亲常常会说："大卫，我们坐一会儿，看看过路行人。"

母亲是位绝妙的观察行家。她会说："看那个家伙，你认为他正受到什么困扰呢？"或者"你认为那边的女士要去做什么呢？"或者"看看那个人，他似乎有点迷惘。"

观察人们走路实在是一种乐趣。这比看电影便宜得多，也更有启发性。

许多心理学家将懒散的姿势、缓慢的步伐跟对自己、对工作以及对别人的不愉快的感受联系在一起。但是心理学家也告诉我们，借着改变姿势与速度，可以改变心理状态。你若仔细观察就会发现，身体的动作是心灵活动的结果。那些遭受打击、被排斥的人，走路都拖拖拉拉，完全没有自信心。

另一种人则表现出超凡的信心，走起路来比一般人快，像跑。他们的步伐告诉整个世界："我要到一个重要的地方，去做很重要的事情，更重要的是，我会在15分钟内成功。"

拿破仑·希尔指出，有很多思路敏锐、天资高的人，却无法发挥他们的长处参与讨论。并不是他们不想参与，而只是因为他们缺少信心。

在会议中沉默寡言的人都认为："我的意见可能没有价值，如果说出来，别人可能会觉得很愚蠢，我最好什么也不说。而且，其他人可能都比我懂得多，我并不想让他们知道我是这么无知。"这些人常常会对自己许下很渺茫的诺言："等下一次再发言。"可是他们很清楚自己是无法实现这个诺言的。每次这些沉默寡言的人不发言时，他就又中了一次缺乏信心的毒素了，他会愈来愈丧失自信。从积极的角度来看，如果尽量发言，就会增加信心，下次也更容易发言。所以，要多发言，这是信心的"维他命"。

善于在行动中创造和把握机会

人们即使去做一件极平常的事情，它也有最佳的路径和时间的把握，这就是机会，利用和把握机会，会使事情办得既快又完美。

在现实生活中，有很多人，当机会向他们走来时，他们却视而不见，充耳不闻，失之交臂。为什么？因为他们不会利用机会。

机会是不会花费力气去寻找那些浪费时间、偷懒的人，它总是落在那些忙得无暇关注自己的成就的人身上。就逻辑而言，机会应该会找那些时间充裕的人，但事实上，机会确实为那些有梦想和实施计划的人显现。我们总以为机会是活的，会动的，它会主动找到那些愿意迎接机会的人。事实上，刚好相反，机会是一种想法和观念，它只存在于那些认清机会的人的心中。因此，别去问老板为什么你没有获得晋升，而应该去问你自己。

也有人喜欢说：机会只对有社会背景，有实力的人提供，这也是不对的，其实世界上有许多生活窘迫的人，他们虽然出身卑微，却能干出伟大的事业来：富尔顿发明了一个小小的推进机，结果成为美国最著名的工程师；法拉第仅仅凭借药房里的几瓶药品，成了英国有名的化学家；惠特尼靠着小店中的几件工具，竟然成为纺织机的发明者；贝尔用最简单的机械发明了对人类文明最有价值的贡献——电话。

不要去埋怨自己的出身，也不要总是埋怨环境的恶劣。因为，一个人不应该受制于他的命运。你要知道，世界上许多做出伟大事业的人都出生在卑微、贫穷的家庭。他们有着伟大的目标，尽管在前进的途中遇到种种非常艰难的阻碍，但他们依然忍耐着，以坚韧来面对艰难，最后终于克服了一切困难，获得了成功。更有许多人本来处于十分平庸的地位，依靠他们坚忍不拔的意志、努力奋斗的精神，结果竟跻身于社会名人、行业领袖之列。

失败者的借口通常是：我没有机会！他们将失败理由归结为没有机会垂青他们，好事总是让别人捷足先登。其实，有时所谓的机会是伴随着危险而来的，对于懦夫和喜找借口的人来说，他们是根本不敢去完成的，而那些意志力坚强的人则决不会找这样的借口，他们不等待机会、也不向亲友们哀求，而是靠自己的苦干创造机会，他们深知惟有自己才能成就自己。

在取得了一次战役胜利后，有人问亚历山大是否等待下一次机会，再去进攻另一座城市，亚历山大听后竟大发雷霆：机会？机会是靠我们自己创造出来的。不断地创造机会，正是亚历山大之所以成为历史上最伟大帝王的原因，也惟有不断创造机会的人，才能建立轰轰烈烈的丰功伟绩。

做任何事情总是等待着机会是极其危险的，一些努力和热望可能因等待机会而付诸东流，而机会最终也不可轻易得到。在现实生活中，到处充斥着大批失业的人群，给人的印象是社会经济对劳动力的需求不足。但事实上，却同时有很多空缺的职位保留着，在报纸上、人才市场上到处是诚聘员工的广告。不过，人们需要的是那些受过良好的职业训练和勤奋敬业的员工，需要的是有经验的员工，经验就是从实践中得来的，你不从实践着手，何来经验？

曾有一个刚毕业的大学生，她在找工作时总是有这样或那样的理由不去应聘，她的几个已经找到了工作的同学很替她着急，可她自己好像不着急，并且经常说，人家要的是有经验的人，可我没经验，所以应聘也聘不上。

年轻人如果看了林肯的传记，了解他幼年时代的境遇和后来的成就，会有何感想呢？年轻时的林肯住在一所极其简陋的茅舍里，没有窗户，也没有地板，以今天的居住目标看，他简直就是生活在露天下——以地为床天为被。他的住所距离学校非常远。一些生活必需品都很缺乏，更谈不上有报纸、书籍可以阅读了。然而就是在这种情况下，他每天坚持不懈地走二、三十里路去上学。为了能借几本参考书，他不惜步行二百里路。到了晚上，他靠着燃烧木材发出的火光来阅读……林肯只受过一年的学校教育，成长在艰苦的环境中，但他能努力奋斗，最终成为美国历史上最伟大的总统，成了世界上最完美的模范人物。

伟大的成功永远属于那些富有奋斗精神的人，而不是那些一味等待机会的人，应该牢记，良好的机会完全在于自己的创造。如果认为个人发展机会掌握在别人手里，那么他一定会失败。机会包含于每个人的人格之中，正如未来的橡树包含在橡树的果实里一样。

如果在困境中，林肯说：我没有机会！这位生长在穷乡僻壤茅舍里的孩子，是不可能入主白宫的。与林肯同时代有许多出生于良好家庭环境的孩子，他们有漂亮的学校，藏书丰富的图书馆，为什么成就反而不如一个茅舍里成长起来的苦孩子呢？不是有许多出生于贫民窟的孩子成为议员，成为大银行家、大商人吗？那些大商店和大工厂，有许多不就是由那些没有机会的孩子们靠着自己的努力而创立的吗？

没有机会，只是失败者的推诿之辞。他们不曾亲眼目睹那些人在实现理想过程中所经受的考验与挫折，他们不明白没有付出非凡的代价，没有不懈的努力，没有克服重重困难，是根本无法实现自己的梦想的。

方法永远比问题多

拥有积极进取激情的人，总是能找到完成工作的最好办法，因为方法总比问题多，即使再困难、再复杂的问题只要你肯去做、去想，就一定能找到最好的解决方法。

美国总统罗斯福说："克服困难的办法就是找办法，而且，只要你找，就一定有办法。"

罗斯福 8 岁的时候，长着一副暴露在外而又参差不齐的丑牙，谁见了都觉得好笑，所以他总是羞于在人前显露，个性内向，不善交际。当他在课堂上被老师提问的时候，都会两腿打哆嗦，牙齿颤动着说出一些含混不清的答案，几乎没有人能听懂。当老师让他坐下时，他才如释重负。

尽管如此，罗斯福从来没有把自己看成一个可怜虫，从未自暴自弃，从不以自己的这些缺陷作借口使自己疏懒下去，也从未觉得自己不可救药，而恰恰是这些缺陷激励着他去奋斗。针对自己的缺陷——他努力加以改正，如果实在没有办法改变，他就极力加以利用。在演说中，他学会巧妙地利用他的沙声、利用他那暴露在外的牙齿，这些本来足以使演说一败涂地的缺陷，后来竟都变成了使他获得巨大成功的不可缺少的条件。经过不懈的努力，他后来成了深受美国人民爱戴的总统。

与罗斯福一样，我们每个人的一生都会多多少少遭遇到一些不幸，在自己的工作中也会碰到一些无法弥补的损失，有的人会因此而自暴自弃，破罐子破摔，结果很快堕落；有的人则会坚强地面对不幸，积极地寻找办法，在不幸中去寻找新的出路。

在法国一个偏僻的小镇，据传有一个特别灵验的水泉，常会出现神迹，可以医治各种疾病。有一天，一个拄着拐杖，少了一条腿的退伍军人，一跛一跛地走过镇上的马路，旁边的镇民带着讥讽的口吻说："可怜的家伙，难道他要向上帝祈求再有一条腿吗？"这一句话被退伍军人听到了，他转过身对他们说："不，我不是要向上帝祈求有一条新的腿，而是要祈求他帮助我，教我没有一条腿之后，也知道如何生活。"

爱达斯石油公司的总裁总是用这个故事教育他的员工。他认为只有那些在没有一条腿之后，还积极争取把路走好的员工才是公司的脊梁，只有他们才是困难的敌人，因为他们"总有克服困难的办法"。

有一位青年在美国某石油公司工作，他所做的工作就是巡视并确认石油罐有没有焊接好。石油罐在输送带上移动至旋转台上，焊接剂便自动滴下，沿着盖子回转一周。这样的焊接技术耗费的焊接剂很多，公司一直想改造，但又觉得太困难，试过几次也就算了。而这位青年并不认为真的找不到改进的办法，他每天观察罐子的旋转，并思考改进的办法。

经过观察，他发现每次焊接剂滴落 39 滴，焊接工作便结束了。他突然想到：如果能将焊接剂减少一两滴，是不是可以节省点成本呢？于是，他经过一番研究，终于研制出 37 滴型焊接机。但是，利用这种机器焊接出来的石油罐偶尔会漏油，并不理想。但他不灰心，又寻找新的办法，后来研制出38滴型焊接机。这次改造非常完美，公司对他的评价很高，不久便生产出这种机器，改用新的焊接方式。

也许，你会说：节省一滴焊接剂有什么了不起？但“一滴”却给公司带来了每年1亿美元的利润。这位青年，就是后来掌握全美制油业95%实权的石油大王——约翰·戴维森·洛克菲勒。

现代心理学研究表明，在困难面前积极想办法的态度会激发我们的潜在智慧，因为，我们大多数人的智力在平常都处于半开发的状态，而一个人只有在兴奋和激动的时候会有意想不到的智力表现。因此，一些成功的企业在遇到困难的时候，非常注意营造一种动脑筋、想办法的精神氛围，他们相信天无绝人之路，无路可走的人总是那些不下工夫找路的人。

带着希望出发

对于上级下达的任务指令，没有哪一个人能保证百分之百地予以完成，但是，一定要带着百分之百的希望去接受。一个一开始就对任务的完成缺乏信心的人，注定是个失败的人。很多时候我们的努力失败了，可我们缺少的就是那么一点点精神动力。

罗文在接到命令后，应该说，目标是渺茫的，但他并没有放弃希望，他坚信，只要加西亚还在古巴领导人民在战斗，他就一定能找到他，这就是希望所在。

没有人喜欢挫折，也没有人愿意拒绝希望。但是，经过生命的种种磨炼，不同的人却有不同的结果。有的人如同烈火中的凤凰，在灰烬中得到重生，而有的人却把它当成地狱，并就此沉沦下去。

大文豪巴尔扎克说过：“世界上的事情永远不是绝对

的，结果完全因人而异，苦难对于天才是块垫脚石……对于能干的人是一笔财富，对弱者是一个万丈深渊。”

热爱电影的人对史泰龙这个名字一定不会陌生。史泰龙小时候生活在一个不幸的家庭之中，父亲是个赌徒，而母亲则是一个酒鬼，父亲赌输了或是母亲喝醉酒之后，总会拿他出气。所以，从小他就是在父母的拳脚下长大的。他的相貌很平常，学习也不好，高中辍学后便在街头当混混。

如果就这样生活下去，也许电影史上就会少一颗璀璨的明星了。但是，一次偶然的机会，使史泰龙猛然觉醒了。他意识到自己不能再这样下去，否则只能像自己的父母那样生活。他开始反思，开始寻找出路。但是自己能做什么呢？通过认真的分析，他选择了从事演艺这条路。因为做演员既不需要文凭，也不需要本钱，万一成功还可以名利双收。

但是，这条路也没有他想象的那样平坦。在帅哥靓女充斥的演艺圈里，相貌本就不出众的他自然不会引起任何人的兴趣。而且他又没有受过任何的专业训练，所以遇到的大多是拒绝。

然而，他并没有放弃，到了好莱坞之后，他不停地找导演、找制片、找明星……找所有一切可以让他成为演员的人。但是，每次遭到的都是拒绝。史泰龙没有灰心，也没有绝望。每当被别人拒绝一次，他就认真反省、检讨、学习一次。他心中只有一个念头，那就是一定要成功，他也相信自己能够做到。两年时间过去了，他总共遭到了1000多次的拒绝。

史泰龙暗自流泪，他问自己是不是真的没有希望了，自己是不是注定只能像父母那样生活。后来，他又打起了精神，因为自己还年轻，他不想让自己就这样沉沦下去，他又想了一个迂回前进的办法，那就是自己写剧本，待剧本被导演看中之后再要求当演员。

尽管他没有受过任何的专业训练，也没有任何的表演经验，但在好莱坞这两年的耳满目染也让他受益匪浅，此时的他已经具备了写电影剧本的基础知识。

剧本写出来之后，他又去找导演。但普遍反应是“剧本可以，但当演员不可能”。于是，又是一连串的打击。最后，或许是命运女神也为他的执著所感动，一位曾经拒绝过他20多次的导演同意给他一次机会。

对于精心准备的人来说，机会只需一次就够了。

结果，史泰龙的第一集电视剧就创下了全美的最高收视纪录——他成功了。

前前后后，史泰龙一共遭到了1300多次拒绝。如果是你的话，在遭到这么多次的打击之后是否能摧毁你心中的希望呢？

史泰龙的成功，源于他的执著，还有他心中的那份希望。希望如同明灯，哪怕是风雨飘摇，也会给我们带来一线光明。

在古希腊的一场战争中，一位将军带着他的残兵败将漂流在大海上，他们已经几天几夜没有吃东西。前方雾气茫茫，看不到任何的陆地，人们的精神几乎要崩溃了。这样下去，他们只会葬身于这茫茫的大海之中。

这时，将军发现甲板上有一只空瓶，于是便把它捡了起来，然后写了一封求救信塞了进去，希望这只瓶子可以带着它漂到祖国。这是他们惟一的希望，他们目送着那只瓶子在海水中渐行渐远。

这时，人群中有人绝望地说："不可能的，那里离这里太远了，瓶子根本就不可能会漂到我们国家的。"于是，刚刚在人们心头生起的希望，又暗淡了下去。绝望，重新吞噬着每一个心灵。

只有将军斩钉截铁地说：“请相信我，那只瓶子一定会漂回我们的国家，我们都是希腊的勇士，只应该牺牲在战场上，而不是这茫茫的海上。”

他们就是靠着这仅存的一点希望坚持着。几天后，一艘商船捞起了那只瓶子，于是逆着洋流的方向驶来，终于发现了这些奄奄一息的将士，将他们救上了岸。

每个人都有面临困境的时候，只要你有希望，内心就会生出勇气。希望之灯不灭，我们就不会陷入到绝望的深渊之中。任何时候，都要给自己一些希望。让希望伴你同行。这样，你的信心就不会泯灭，直到目标的实现。

任用具有执行能力的人

执行命令不许有任何借口，但命令不能下给无执行能力的人，如果接受命令的人就本身的能力而言，不具备命令的落实素质，即使他忠诚可靠、有信心与热情也仍然完不成任务。

在工作中，如何把工作落到实处，对于任何执行者而言都是一件特别重要的事情。在目标已设定的情况下企业成败的关键就在于执行。执行是什么？一句话，执行讲的是任务的落实。准确地讲，管理是一个日常和直接的行为，管理者和被管理者只有在一起，才能实施所谓的管理。高层领导和主管对于员工的日常行为是没有直接影响的，只有通过管理者——一线经理来产生影响。在目前这种知识经济、体验经济的环境下，组织结构越来越扁平化、资源基本向一线配置，组织关注的焦点应转向基层管理人员和一线经理。

要使更多的员工从心理到思想上对工作进行投入，员工的敬业度是非常关键的。在企业的员工中，一部分是敬业的、一部分是从业的、一部分是怠工的。对企业来说，可怕的不是人走，而是人在心走，这对企业损失更大。不要指望靠薪酬就能达到人在心在。为什么有的员工敬业，有的员工怠工？在一定的条件下，假定人们的态度是相似的，即假定员工都是想努力工作的，但还是有很多员工不能追求敬业，很多情况下责任不在员工，而在于一线经理。美国有 60%的员工声称，他们最希望的事情就是炒掉经理。当组织足够大、需要通过管理者管理的时候，一个重要的同题是不知道谁能做得更出色。这一点就事关执行。

总部位于柏林和慕尼黑的西门子公司是世界上最大的电子电气公司之一，同时也是最具优良传统的公司之一。在 2000 财政年度，公司实现了创纪录的 784 亿欧元的销售额和 79 亿欧元的税后收入。公司在全球各地开展了多种国际业务，同时将重点放在能源、工业、信息和通讯、医疗、交通和照明等核心业务部门上。除了在德国拥有

180000名员工之外，西门子还在全球190多个国家的硬件和软件生产、设计、维护、销售和开发领域拥有267000名员工。公司在50多个国家经营着约500家生产工厂，这生动地昭示了西门子勇于创新的全球领袖形象。

西门子公司之所以发展成为世界电气界的一颗璀璨明星，离不开西门子对人的执行力的培养。在西门子公司里设有一个“人才素质模式”，即西门子在选人时一般会从三个角度去衡量应聘者：

最注重的就是高素质的执行人才，即注重推动事情，专注事情，具有影响，善于团队协作的人的重用和培养。

西门子同样非常重视诚信，要求员工必须具备诚信的素质。要诚信地面对同事、供应商、客户、股东等等，这是最基本的前提。

西门子致力于寻找真正优秀的人才，包括：拥有新思想、勇于实践的人才。他们视野开阔，行动积极，敢于走新路，只有他们才能把握机会，变可能为现实。具有团队合作精神的人才。通过他们的努力投入，未来的世界才会变得更加美好。

西门子的每一位成员都具有普遍的创新意识，正是这种意识引领西门子不断开发出新的产品和解决方案。这种意识的形成是以五项重要的个人素质为基础的，正是这些素质使西门子与众不同。

这些终生受益的核心素质包括：

创新精神：思路奇特，善于创新，从不满足现有成绩；拥有产生新的创意并将其成功实现的能力。

学习能力：要求员工头脑清醒，不断学习新东西。在西门子，西门子人从工作过程中学习、向同事学习、从商业实践经验中学习，并通过和他人分享知识来保证未来的成长。他们有个性而不平庸；他们或充满热情，或平静沉稳，或勤于思考，或感情丰富，或精明能干……他们都具有一点，那就是——他们随时愿意学习接受新的东西。

团队技巧：每天，西门子的运作体系都跨越不同文化之间的界限，使具有不同文化背景和知识结构的人们联合起来共同工作。

重视结果：有着对成功的强烈渴望并通过努力工作实现自己的目标。一个成功的跨国企业能为优秀的个人提供巨大的舞台和成功的机会。

正是本着这样的人才选拔标准，西门子公司保证了员工素质中最重要的执行能力，它通过团队精神与创新精神在公司中发扬光大。

也正是因为坚决、果敢与高效的执行力，在100多年前，把信送给了加西亚的信使安德鲁·罗文，回到美国一见到米尔斯将军，将军便宣布："在这里，我愿推举美利坚合众国第十九步兵团一等中尉安德鲁·罗文为骑兵团上校副官。"甚至总统也写信表示："我希望女士们、先生们，不，不，这其中当然也包括我自己，我们大家都要学习罗文中尉的这种优良品质。"当然，总统指的优良品质包括坚定不移的执行力。

增强“人人为我，我为人人”的意识

对于一些平庸者来说，在接受上级命令时，特别是要完成一些艰巨的任务的命令时，他们多数会提出这样的问题：为什么这事非要我来做，不找别人去做？他们是一些缺少斗志，毫无责任心的人，他们无愧于庸人和懦夫的称谓，他们是一种不堪重用的人。

现实中很多人不清楚“同甘苦，共命运”是人类的一种美德，更不明白共同的命运感会激发出惊天地、泣鬼神的强大力量。中国古代有个故事能让我们得到启发：

在中国的秦朝末年，天下纷乱，豪强地主为了不同的利益相互混战。当时，赵王被秦军围困在巨鹿，请求楚怀王救援。而秦军强大，几乎没人敢前去迎战。项羽为报秦军杀父之仇主动请缨，楚怀王封项羽为上将军。

项羽先派人率领两万人做先锋，切断秦军运粮通道。然后，项羽率领主力渡河。过了河，项羽便命令每个将士带三天的干粮，把军队里做饭的锅碗全砸了，把渡河的船只全部凿沉，连营帐都烧了。他对将士们说："咱们这次打仗，有进无退，三天之内，一定要把秦兵打退。"

项羽破釜沉舟的决心和勇气，使将士们看清了他们的共同命运：要么一起胜利，要么一起死亡，没有退路。面临绝境的齐心协力使楚军生产了超常战斗力，越打越勇，以一当十，以十当百，经过九次激烈的战斗，活捉了秦军首领，其他秦军将士有的被杀，有的逃走，围困巨鹿的秦军就这样瓦解了。

这是一个"置死地而后生"的范例，同时也是一个团结协作，为统一目标而战的范例。

其实，我们很多人都明白"一荣俱荣，一损俱损"的道理，因此，他们会以公司为家，与公司共命运。但也有一些人并不明白这个简单的道理。

据说，曾有一名教徒很想知道天堂和地狱到底是什么样子，就请求先知伊里亚带他去看看，体验一下。伊里亚便拉着他，来到一个殿堂。他们跨过了一个铁门，走进了一间挤满了人的大屋，这里有穷人，也有富人。在屋子当中，有一个熊熊燃烧着的火堆，上面吊着一个大汤锅，锅里满是食物，飘散着令人垂涎的香味。汤锅的周围，挤满了面黄肌瘦的人们。他们每个人手里都拿着一个好几尺长的大汤勺。而他们的手是固定在勺柄上的，虽然他们舀到了汤但却放不到自己的嘴里。因此，他们围着肉锅，一个个却都饿得面黄饥瘦。于是，他们相互责骂，进而用汤勺大打出手。先知伊里亚对那个教徒说："这就是地狱！"

然后，他们离开了这屋子，来到另一间屋子。同前面一样，屋的中间也有一个热汤锅，许多人围坐在旁边，手里同样拿着长柄汤勺。但与前一个屋子的情景不同的是，他们相互喂着吃喝。因此，他们都吃得白白胖胖，屋里还笑声不断。先知伊里亚对教徒说："这就是天堂。"

原来，天堂和地狱的差别不大，只是他们所依据的生活哲学不同，一种是通过合作达到共赢，一种是不知合作，最终只能走向倒毙的人。

有人曾问一些员工对自己所在企业的感觉，他们的回答总是千差万别，不少员工抱怨自己的企业像地狱，只有极少的员工会对自己在一个天堂般的企业工作而自豪。

天堂或者地狱其实只在一念之间。“我建立天堂，我就上天堂；我建造地狱，我就下地狱。”谁不愿意在天堂工作呢？愿意上天堂，首先要勇于奉献，精于合作。

对自己的任务负责

作为下属，对上级布置的任务不但要立即予以落实，还要进行全程的负责，直至目标的实现，这是执行者不可推御的责任。

罗文在把美国总统给加西亚的信交到加西亚本人手里之后，他并没有认为自己的任务已经完成了，而是更加谨慎地计划返程的事宜，就像他本人说的那样："归途中，同伴们和我一样如履薄冰。"这就是他负责到底的心里写照。

作为一名企业员工，负责意味着做好企业赋予你的任何有意义的事情。负责，就是要为自己所从事的工作和接受的任务承担责任，而决不推卸。作为一名员工，你应该经常问自己，你的工作是什么，你是否将你的工作当成一种责任来看待。

某企业老板给某经理发送了一封电子邀请函，但连发几次都被退回。

经理问秘书为什么会发生这样的情况，秘书说大概是邮箱满了的原因。

可四天过去了，仍然没有收到对方的回复，经理再问，秘书的回答仍然是邮箱满了！公司因此失去了与该企业筹备已久的合作项目。

鉴于这样的结果，经理辞退这个毫无责任感的人。

每天查看、清理邮件，这是秘书最起码的职责，他却连续四天不查看邮箱。试想，这四天之内不知又有多少邮件遭到了被退回的厄运？而这众多被退回的邮件当中谁敢担保没有重要的内容？这样的人哪有资格做秘书呢?

我们都知道“积少成多”，“积重难返”的道理，一个没有责任心的人，必定会放任一个又一个的小纰漏，终致“千里之堤，溃于蚁穴”，给企业带来不可弥补的损失。

有一个刚从学校毕业的本料生应聘到一家外贸公司，她的意向是经理秘书，但公司开始却安排她做办公室文员，具体的任务就是负责收发、复印文件。这和她所要求的目标有些距离，但她还是积极地投入到工作中去了。同事们交待的事情，她都能准确而及时地完成任务，同事们都夸她责任心强，交给她的工作令人放心。有一次，经理拿一份合同让她复印，因为对方等待签字，所以经理督促她马上就办，可细心的她还是习惯性地进行了确认，当经理有些不耐烦地催促她时，她指着一处刚发现的错误给经理看。经理看完以后，惊出了一身冷汗。她的更正为公司避免了十几万元的损失，很快她便被提任为经理秘书。

从根本上说，工作本身就意味着责任。所以，工作不是我们为了谋生而做的事，而要把它当成一种使命来完成。

将责任根植于内心，让它成为我们脑海中一种强烈的意识，这种责任意识会让我们在日常行为和工作中表现得更加卓越。我们经常可以见到这样的员工，他们在谈到自己的公司时，使用的代名词通常都是“他们”而不是“我们”，“他们业务部怎么怎么样”，“他们财务部怎么怎么样”，这是一种缺乏责任感的典型表现，这样的员工至少没有一种“我们就是整个机构”的认同感。

当然，责任感也是不容易获得的，原因就在于它是由许多小事构成的。所以培养责任感最基本的是做事成熟，无论多小的事，都能够比以往任何人做得都好。

有一个替人割草打工的男孩打电话给布朗太太说：“您需不需要割草？”

布朗太太回答说：“不需要了，我已有了割草工。”

男孩又说；“我会帮您拔掉草丛中的杂草。”

布朗太太回答：“我的割草工已做了。”

男孩又说：“我会帮您把草与走道的四周割齐。”

布朗太太说：“我请的那人也已做了，谢谢你，我不需要新的割草工人。”

男孩便挂了电话，此时男孩的室友问他说：“你不是就在布朗太太那儿割草打工吗？为什么还要打这个电话？”

男孩说：“我只是想知道我究竟做得好不好！”

多问自己“我做到位了吗？”——这就是责任。

在这个世界上，没有不须承担责任的工作，相反，你的职位越高，权力越大，你肩负的责任就越重。不要害怕承担责任，要立下决心，你一定可以承担任何正常职业生涯中的责任，你一定可以比前人完成得更出色。

我们不少人往往有这样的偏见，认为只有没有能力、没有开拓精神、素质低的人才会那么婆婆妈妈，那么注意细枝末节。而事实上，看重细节的人具有更强的责任心，因为有了责任心，他们在职场中的地位往往十分显赫。因为有了责任心，人们就会对自己的工作表现出积极、认真、严谨的态度。而工作态度决定着开展工作的方式方法，决定着投入工作的精力大小，从而决定着工作效果的好坏。所以，有责任心的更容易在事业和生活中取得骄人的成绩，更容易走向成功，甚至创造奇迹。强烈的责任心使人对工作、对生活、对他人、对自己都会表现出热情和活力。“有为才有位”，更高的职位也就意味着更多的责任。看来，恪守本职不仅是对工作负责，也是对自己负责。责任心是一个人必备的职业品德，同时更是必要的生活态度。

工作就意味着责任，每一个职位所规定的工作内容就是一份责任，你做了这份工作就应该担负起这份责任。我们每个人都应该对所担负的责任充满责任感。

责任感与责任不同。责任是指对任务的一种负责和承担，而责任感则是一个人对待任务，对待公司的态度。责任感是简单而无价的。据说前美国总统杜鲁门的桌子上摆着一个牌子，上面写着：责任到此，不能再拖。他桌子上是否有这样一个牌子，我们已无从考证，但想告诉大家的是，这就是责任感。

一个人责任感的强弱决定了他对待工作是尽心尽责还是浑浑噩噩，而这又决定了他做事的好坏。如果你在工作中，对待每一件事都是责任到此，不能再拖，出现问题也绝不推脱。而是设法改善，那么你将赢得足够的尊敬和荣誉。

当我们对工作充满责任感时，就能从中学到更多的知识，积累更多的经验，就能从全身心投入工作的过程中找到快乐。这种习惯或许不会有立竿见影的效果，但可以肯定的是，当懒散敷衍成为一种习惯时，做起事来往往就会不诚实。这样，人们最终必定会轻视你的工作，从而轻视你的人品。粗劣的工作，就会造成粗劣的生活。工作是人们生活的一部分，做着粗劣的工作，不但使工作的效能降低，而且还会使人丧失做事的才能。工作上投机取巧也许只给你的老板带来一点点的经济损失，但是却可以毁掉你的一生。

责任感是我们战胜工作中诸多困难的强大精神力量，

它使我们有勇气排除万难，甚至可以把“不可能完成”的任务完成得相当出色。失去责任感，即使是做我们最擅长的工作，也会做得一塌糊涂。

一个有责任感的员工，不仅仅要完成他自己分内的工作，而且他会时时刻刻为企业着想。老板也会为拥有能够如此关爱自己的企业、关注着企业的发展的员工感到骄傲，也只有这样的员工才能够得到企业的信任。事实上，只有那些能够勇于承担责任，具有很强责任感的人，才有可能被赋予更多的使命，才有资格获得更大的荣誉。

对待工作，是充满责任感，尽自己最大的努力，还是敷衍了事，这一点正是事业成功者和事业失败者的分水岭。事业有成者无论做什么，都力求尽心尽责，丝毫不会放松；成功者无论做什么职业，都不会轻率疏忽。

执行要关注重点

在执行中分清事情的轻重缓急是很重要的。因为我们完成任何一种指令或任务，除了任务目标本身外，还有时效性要求，做事忽视重点很可能会出现：任务完成了，但错过时间已毫无意义了。

工作的实践告诉我们：工作中有许许多的事情，而一个人的精力却是有限的，如果我们在工作中分不清主次、先后，将会极大地影响我们的做事效率。

遍布全美的都市服务公司创始人亨利·杜赫提说过："人有两种能力是千金难求的无价之宝：一是思考能力；二是分清事情的轻重缓急，并妥当处理的能力。"

白手起家的查理·鲁克曼经过12年的努力后，被提升为派索公司总裁，年薪10万美元，另有上百万其他收入。他把成功归功于杜赫提谈到的两种能力。鲁克曼说："就记忆所言，我每天早晨5点起床，因为这一时刻我的思考力最好。我计划当天要做的事，并按事情的轻重缓急做好安排。”

全美最成功的保险推销员之一弗兰克·贝特格，每天早晨还不到5点钟，便把当天要做的事安排好了，主要是在前一个晚上预备他定下的每天要做的保险数额，如果没有完成，便加到第二天，以后依此推算。

由此可见，在工作中分清事情的轻重缓急是很重要的。虽然我们没有人能永远按照事情的轻重程度做事。但我们知道做事分清轻重缓急总比想到什么就做什么要好得多。

在罗文自述把信送给加西亚过程中，有一段写到，他与接他的墨西哥人格瓦西奥在一片丛林里曾遇到一伙西班牙骑兵，格瓦西奥建议在毫无危险的情况下袭扰他们一下，而被罗文制止了，罗文告诫他说，我们现在最重要的任务就是把信道给加西亚。可见，罗文做事是善于把握重点的。

因此，我们千万不能忘记自己的重点工作，每个人的工作都是有价值、有意义的。一个不注重自己工作的人，实际是人生的懦夫，其实他本来可以创造辉煌，结果却与成功失之交臂，这不能不说是人生的一个巨大的遗憾。

芝加哥和西北铁路公司总裁罗兰·威廉斯说过："那些桌上老是堆满东西的人会发现，如果你把桌上清理干净，只保留与手头工作有关的东西，这样会使你的工作进行得更加顺利，而且不会出错。我把这一点称为好管家，这也是提高效率的第一步。"

诗人波普也曾在华盛顿的国会图书馆天花板上写过"秩序是天国的第一要律"的名言。

秩序也应是工作中的第一要律。但事实果真如此吗？只要我们稍加留心就会发现，很多人的桌上老是堆满了文件和资料，可有些东西一连几个星期也不曾看一眼。

当你的办公桌上乱七八糟，堆满了待复信件、报告和备忘录时，就会导致你慌乱、紧张、忧虑和烦恼。更为严重的是，一个时常担忧万事待办却无暇办理的人，不仅会感到紧张劳累，而且会引发高血压、心脏病和胃溃疡。

可见工作中这一乱七八糟的毛病危害之大。因此，要想健康工作、愉快工作必须改掉乱七八糟的坏毛病，让自己有一个轻松、整洁的工作环境。

完成目标任务离不开健康的信念

健康的信念是树立在心中的热情和专注，它对在执行任务中的执行者的影响巨大。健康的信念会增强完成任务的信心和勇气，而不健康的信念则会让执行者畏首畏尾、顾虑重重，直至沦为苟且的失败者。

在执行和落实上级指示精神中，我们完成得好坏在很大程度上取决于自己对于思想的信念。有这样一个故事：

一位将军率兵出征，敌人的实力要比他强大十倍，因此士兵们信心不足。在带队前进的途中，他下马向路边小庙朝拜祷告。回到队伍中，他拿出一枚钱币，说："我现在投钱问卜，如果正面向上表示我们会赢，而朝下则表示我们没有希望了，我们的命运就操纵在神的手里了。"将军把硬币高高地抛向天空，待落下，大家发现，正面朝上，于是纷纷高兴地喊着："太好了！我们会赢。"决战的时候，他们果然就把强大的敌军给打败了。将军的手下很高兴，说："神决定的事情，谁也不能改变啊！"将军这时拿出了那枚问卜的硬币，原来，硬币的两面都是正面的，他这样设计的目的就是要让他的士兵树立必胜的信念。

上帝对万物全都是一视同仁的，并不会特别的帮助某一个人。能帮助自己的，只有自己而已。有信念，相信自己，就能战胜困难，创造奇迹。

"我绝不是理解了才能信仰，而是信仰了才能理解。"意大利哲学家安瑟伦的一句话颇具象征意义。信念是我们的日常言行，乃至宗教、科学、哲学的基础。

德国化学家凯库勒在梦中发现苯分子结构的故事，一直被各种科普刊物津津乐道：一天晚上，凯库勒坐马车回家，在车上昏昏欲睡。在半梦半醒之间，他看到原子链似乎活了起来，变成了一条蛇，在他眼前不断翻腾，突然咬住了自己的尾巴，形成了一个环。凯库勒猛然惊醒，受到梦的启发，明白了苯分子原来是一个六角形环状结构。

通过梦境解决科学难题的故事，听起来很神奇，仔细分析，又是理所当然的。一切事物都是先有想法，然后依据这个想法通过几番努力，最后完成的。比如手机的设计，是在于设计者先有了一个对于手机功能、样子、使用方法、技术指标等等的构思，才能够制造出来的。当人有了一种思想也就是意识到要完成一件事情时，就会从潜意识中搜找有关联的信息，意识越强越持久，潜意识给予的信息就会越完整和越接近。凯库勒之前一直在研究分析苯分子的结构，潜意识接受到了很多信息，由此，才有了梦境中的破解。

爱因斯坦说过："任何科学工作，除了完全不需要理性干预的工作以外，都是从世界的合理性和可知性这种坚定的信念出发的。"强烈的信念是科学创新的基础，也是创造奇迹的力量。

为什么信念能创造奇迹呢？这是有一定科学基础的。

当一个思想或感觉产生时，大脑就会开始形成一种思考的能量波，并以这个人为中心自行扩展开来，往外发射，环绕此人的周遭环境。这些能量波拥有唤醒其他人思想里类似频率的特质，同时也会依着思想的吸引力法则进入另一个相同力量的领域。自己的一切都是自我的思想形成的感觉所吸引而来的。无意识的、不知道心灵影响力法则的大脑波和知道心灵影响力法则的比较起来，是完全不一样的。不过，这两者的背后，都有一个强力发射者的驱动。力量都是一样的，只是潜力的强度和效果会因为发射者的驱动条件相异，而有关键性的不同。不同的思想会产生不同的结果，不同的结果也就导致了人与人之间不同的生活与命运。

生命的法则就是信念的法则，而信念可以用你心灵中的想法来简短地概括。你的思想形式、你的感觉及你所相信的事，会决定你的心灵、你的身体及你的环境。深入了解你所做的，以及为什么你正在做这些，将会帮助你在潜意识中获得跟生命中美好事物合作的机会。

凡事都要有一种不服输的激情

要打算做好任何一件事情，首先就要在意念中树立一种不服输的激情，因为它在做好事情之中的作用不可替代又不可或缺。

人们要获得任何一种成功，就必须要有一种坚持到底的激情。很多人在自己的工作中付出了很大的努力，但因不能坚持到最后而与成功失之交臂。正是这种激情，把常人与成功者区别开来。

游泳名将科左夫在横渡尼波湖时，遇到了大雨，他在雨中奋力拼搏了两个半小时，游了近20公里。这时，雨越来越大，前方什么也看不清，护卫船上的人劝他不要再游了，希望他上船。但他拒绝了，他在水中又坚持了二十分钟。船上的人又劝他上船，他又拒绝了，他又坚持了十几分钟。这时不仅雨更大了，风也大了，科左夫看看前面还是一片茫茫，他感到自己实在支持不住了，便上了船。

但等他们到了岸边，却吃惊地发现，他放弃的地方离岸边已经很近，只有不到一公里的距离。科左夫万分懊悔，但为时已晚。

我们在工作中也经常犯科左夫式的毛病，我们往往能为完成一项任务付出极大的努力，但就是不能坚持到最后，结果使以往的努力付之东流。我们发现，世界上那些伟大的成功者都是能把牙关咬到最后的人。著名的推销大王罗伯特说：一个推销员一天要拜访无数的客户，要遭受无数的拒绝和难堪，甚至一天下来可能连一个客户也说不动，因此，很多人在试过一段时间后就会放弃。不过，总有一些伟大的推销员，他们能坚持到最后，能在最后的成功中得到别人无法得到的回报，那回报不仅是财富，还有自身价值的提升。

许多喜爱汽车的朋友都知道“菲亚特”是著名的意大利汽车品牌，是世界上少有的成功企业，但我们很少有人知道它的创业史。菲亚特的创始人老阿涅利在都灵办厂时，许多大名鼎鼎的经济学家都嘲笑他，“汽车只是少数贵族人家的奢侈品，根本就没有前途”。但老阿涅利却毫不动摇，坚持办厂。如今，在亚平宁半岛上有数不清的菲亚特汽车行驶，更多的菲亚特汽车则行驶在世界的每一个角落，事实证明了老阿涅利是对的。

乔瓦尼·阿涅利在继承了家业的同时，也继承了他祖父这种坚忍不拔的奋斗激情。1970年代初期，西方爆发了能源危机，汽车工业更是首当其冲。当世界上许多著名的汽车厂都纷纷倒闭或转产的时候，阿涅利顶住了压力。针对能源短缺的问题，他绞尽脑汁研制低耗油车；针对市场萎缩，他想方设法降低生产成本。最后，菲亚特以竞争性的价格战胜了他的对手，渡过了难关。事后，乔瓦尼·阿涅利在他的一次演讲中说："世界上没有一样东西可以取代坚持到底的激情。资本不行，有钱而一事无成者比比皆是；天才不行，怨天尤人的天才很多；学问也不行，世上充满了学无所用的人，只有坚持到底的激情、毅力与决心才能无往而不胜。"

常言道："黎明之前总是最黑暗的，接近成功的时候总是最困难的。"一些在企业工作的年轻朋友总是说："我要是再坚持两天，这事我也可以做成，其实没有我原来想象的那么难。我要是多熬一个晚上，那个奖金就是我的了。"这些朋友不清楚，后悔是没有用的，重要的是记住在下一次遇到这样的情况时，咬咬牙，保持你最后冲刺的激情，再不要功亏一篑。

注重过程更注重结果

对于目标的完成情况不关注过程是不对的，这样会否定执行者的劳动和努力。但最重要的还是要关注结果，如果没有好的结果，执行者的一切劳动都会变得毫无意义。

在市场经济的新时代，做任何事情都应该有一个好的结果。不仅要做事，更要做成事。

光像“老黄牛”那样低头做事是不够的，“老黄牛”还得插上效率和效益的翅膀！没有效率的忙是“穷忙”、“瞎忙”。

你是否发现有这样的现象——领导安排同样性质的一件事情给两位员工去做，其中的一位每天提早上班，推迟下班，连星期六、星期天都不休息，弄得身心憔悴，愁眉苦脸。但是，由于他没有达到要求，领导对他总是很不满意，甚至对他还严加批评。另外一位员工，从不需加班加点，只是每天把该做的事情都做好，每天领导得到的都是好的进度与消息，领导对他总是笑脸相迎，经常表扬，最后连连提拔。

这样的现象，在30年前可能不明显，甚至第一种员工可能会得到更多的表扬。但是在当代社会，领导重视能出业绩的员工的情况越来越普遍了。

是领导偏心，不欣赏苦干的员工而只是欣赏“讨巧”的员工吗？不是这样，主要的原因是，我们已经进入了市场经济的新时代。那些光知道苦干、穷忙的人，越来越得不到认可。社会正越来越认可一个新的理念：做任何事情都要讲究效率和效益！

这就像安德鲁·罗文所讲到的送信经过一样，“在送信的过程中，真可谓危机重重，而返回的行程也同样凶险。”但不管他说的过程如何艰难，可如果信没有送到，这个危难的过程也就失去它的意义了，因此说：不仅要努力做事，更要做成事！

联想集团有个很有名的理念：“不重过程重结果，不重苦劳重功劳。”这是写在《联想文化手册》中的核心理念之一。在这个手册中，还明确记录道：这个理念，是联想公司成立半年之后，开始格外强调的。联想为何在这一时期会如此强调这一理念呢？联想的创始人柳传志先生讲了联想刚刚创业时期的一段经历，也许对我们有足够的启示。

柳传志沉重地告诉大家：联想刚刚成立时，只有几十万元的家底，还由于过于轻信人，被人骗走了一大半。而且，骗他们的人，还不是一般人，是某个部门的干部。这一来，使公司元气大伤，甚至得员工去卖蔬菜来挽回损失。

毫无疑问，联想在创业之初，大家都有对事业拼命的干劲和热情，但是，光有干劲和热情，并不能保证财富的增加与事业的成功。不仅如此，商场如战场。光有善良、热情、好心等品质，如果缺乏智慧和方法，完全可能会给企业造成巨大的损失！

试想，对联想而言当时就那么一点点的资金，如果没有用好，公司就有可能夭折、破产！这时，只是强调繁忙、勤奋、卖命、辛苦等，已经没有太多的意义。

经过了这一教训，联想后来做事不仅越来越冷静、踏实，而且特别重视策略、方法。联想自从成立以后，到如今它已经从当初几个下海的知识分子组成的小公司，变为了一家享誉海内外的高科技公司。它之所以后来有这样大的发展，毫无疑问与这个核心理念密切相关。

以往我们经常听到某些人讲：“没有功劳有苦劳。”苦劳固然使人感动，但在新的历史形势下，只有具备“结果思维”，不断创造功劳的人，才会有更好的发展！

美国汽车大王福特，只受过很少的正规教育。在第一次世界战期间，一家报纸刊登评论，说福特是“无知的和平主义者”。福特得知后很生气，向法庭控告该报恶意诽谤。

开庭审理时，对方的律师向福特提出了许多对于受过正规学校教育的人来说，属于“常识性”的问题。如“英国在1776年派多少军队来美国镇压反叛”、“美国宪法的第五条内容是什么”等等。对方想利用自己在书本知识上的优势，以此来证明福特确是一个“无知的人”。

福特开始还有礼貌地听着，但很快就不耐烦了，他气愤地对这位律师说："请让我来提醒你，在我的办公桌上有一排电钮，只要我按下某个电钮，就能把我所需要的助手招来。他能够回答我企业中的任何问题。至于我企业之外的问题，只要我想知道，也可以用同样的方法获得。既然我用周围的人能够提供我所需要的任何知识，难道仅仅为了在法庭上能回答出你的提问，我就应该满脑子都塞满那些东西吗？"

福特这样做不是"摆谱"，而是他有着对效率、结果的高标准的要求。

发生在福特身上的另外一个小故事，也许会给你带来进一步的启示。

在刚刚创办福特汽车公司不久，福特向一家厂商订购了大批汽车零件。耐人寻味的是，他在严格要求零件品质的同时，也严格规定了装零件的木箱的有关尺寸、厚度等等。这样的要求，不要说厂商，连他的员工都认为有些过分。

货到以后，他又特别叮嘱要小心开箱，不要损坏木板。之后，他拿出一张新办公室的设计图。用这些木板来做办公室的地板，竟然相差无几！原来，他在进货的时候，就考虑到要把这些平时处理掉的木板用到办公室里来！

一举两得！你瞧瞧，这是一种何等可贵的充分利用资源的智慧啊！

工作一定要有更好的结果，工作一定要有更高的效率！福特是被誉为“把美国带到流水线上”的人，之所以对他有这样的赞誉，在某种程度上，是由于他发明了现代流水线作业的方式，从而大大提高了工作效率。福特是一个酷爱效率的天才，曾经对人们浪费时间的各种恶习进行了总结，并严加抨击。

在总结这些之后，福特痛心地说：“人们每天花在处理这样一些没有必要处理的事情上的时间，数量说起来是这样惊人，除非我们把自己从这些事情中解放出来，否则我们无法成为一个有成果的现代人！”

有一位著名的商界精英，工作效率奇高。他是怎么做到的呢？

在每个工作日开始做的第一件事，就是将当天要做的事分为三类：

第一类是所有能够带来新生意，增加营业额的工作；

第二类是为了维持现有状态，或使现有状态能够持续下去的一切工作；

第三类则包括所有必须去做但对企业和利润没有任何价值的工作。

在完成所有第一类工作之前，他绝不会开始第二类工作。在完成第二类工作之前，也绝不会着手进行任何第三类的工作。

他还要求自己："必须坚持养成一种习惯，每件事都必须有一个期限，规定好的几分钟，一天或一个星期内完成。如果坚持这样做，就会努力赶上期限，而不是无休止地拖下去。"

这位商界精英通过现身说法，讲述了分秒必争、期限紧缩的真正价值。

在我们这个时代，多得是“忙人”。他们每天在急急忙忙地上班，急急忙忙地说话，急急忙忙地做事，可到月底一盘算，却发现自己并没有做成几件像样的事情。他们往往以一个“忙”字作为自己努力的漂亮外衣，却没有想到，这种忙只能是“穷忙”和“瞎忙”，没有给自己和单位带来效益。

做一个凡事讲究结果的员工！这样，你才会赢得效益，并得到组织的认可。

附录

英文版原文

A Message To Garcia

In all this Cuban business, there is one man stands out on the horizon of my memory like Mars at perihelion.

When war broke out between Spain and the United States, it was very necessary to communicate quickly with the leader of the Insurgents. Garcia was somewhere in the mountain vastness of Cuba-no one knew where. No mail nor telegraph message could reach him. The President must secure his cooperation, and quickly. What to do!

Some one said to the President, "There' s a fellow by the

name of Rowan will find Garcia for you, if anybody can."

Rowan was sent for and given a letter to be delivered to Garcia. How the "fellow by the name of Rowan" took the letter, sealed it up in an oilskin pouch, strapped it over his heart, in four days landed by night off the coast of Cuba from an open boat, disappeared into the jungle, and in three weeds came out on the other side of the Island, having traversed a hostile country on foot, and delivered his letter to Garcia-are things I have no special desire now to tell in detail. The point that I wish to make is this: McKinley gave Rowan a letter to be delivered to Garcia; Rowan took the letter and did not ask, "Where is he at?"

By the Eternal! there is a man whose form should be cast in deathless bronze, and the statue placed in every college of the land. It is not book-learning young men need, nor instruction about this and that, but a stiffening of the vertebrae which will cause them to be loyal to a trust, to act promptly, concentrate their energies: do the thing "Carry a message to Garcia."

General Garcia is dead now, but there are other Garcias. No man who has endeavored to carry out an enterprise where many hands were needed, but has been well-nigh appalled at times by the imbecility of the average man-the inability or unwillingness to concentrate on a thing and do it.

Slipshod assistance, foolish inattention, dowdy indifference, and half-hearted work seem the rule; and no man succeeds, unless by hook or crook or threat he forces or bribes other men to assist him; or mayhap, God in His goodness performs a miracle, and sends him an Angel of Light for an assistant.

You, reader, put this matter to a test: You are sitting now in your office-six clerks are within call. Summon any one and make this request: “Please look in the encyclopedia and make a brief memorandum for me concerning the life of Correggio.” Will the clerk quietly say, “Yes, sir.” and go do the task ?

On your life, he will not. He will look at you out of a fishy eye and ask one or more of the following questions: Who was he Which encyclopedia ? Where is the encyclopedia ? Was I hired for that ? Don’t you mean Bismarck ? What’s the matter with ? Charlie doing it Is he dead Is there any hurry ? Shan’t I bring you the book and let you look it up yourself？ What do you want to know for？

And I will lay you ten to one that after you have answered the questions, and explained how to find the information, and why you want it, the clerk will go off and get one of the other clerks to help him try to find Garcia and then come back and tell you there is no such man. Of course I may lose my bet, but according to the Law of Average, I will not.

Now, if you are wise, you will not bother to explain to your "assistant" that Correggio is indexed under the C' s, not in the K' s, but you will smile very sweetly and say, "Never mind," and go look it up yourself. And this incapacity for independent action, this moral stupidity, this infirmity of the will, this unwillingness to cheerfully catch hold and lift-these are the things that put pure Socialism so far into the future.

If men will not act for themselves, what will they do when the benefit of their effort is for all？

A firstmate with knotted club seems necessary; and the dread of getting "the bounce" Saturday night holds many a worker to his place. Advertise for a stenographer, and nine out of ten who apply can neither spell nor punctuate-and do not think it necessary to.

Can such a one write a letter to Garcia ?

"You see that bookkeeper," said the foreman to me in a large factory. "Yes, what about him" "Well he' s a fine accountant, but if I' d send him up town on an errand, he might accomplish the errand all right, and on the other hand, might stop at four salons on the way, and when he got to Main Street would forget what he had been sent for." Can such a man be entrusted to carry a message to Garcia ?

We have recently been hearing much maudlin sympathy expressed for the "downtrodden denizens of the sweat-shop" and the "homeless wanderer searching for honest employment", and with it all often go many hard words for the men in power.

Nothing is said about the employer who grows old before his time in a vain attempt to get frowsy ne' er-do-wells to do intelligent work; and his long, patient striving after "help" that does nothing but loaf when his back is turned.

In every store and factory there is a constant weeding-out process going on. The employer is constantly sending away "help" that have shown their incapacity to further the interests of the business, and others are being taken on. No matter how good times are, this sorting continues: only, if times are hard and work is scarce, the sorting is done finer-but out and forever out the incompetent and unworthy go. It is the survival of the fittest. Self-interest prompts every employer to keep the best-those who can carry a message to Garcia.

I know one man of really brilliant parts who has not the ability to manage a business of his own, and yet who is absolutely worthless to any one else, because he carries with him constantly the insane suspicion that his employer is oppressing, or intending to oppress him. He cannot give orders, and he will not receive them. Should a message be given him to take to Garcia, his answer would probably be, "Take it yourself!"

Tonight this man walks the streets looking for work, the wind whistling through his threadbare coat. No one who knows him dare employ him, for he is a regular firebrand of discontent. He is impervious to reason, and the only thing that can impress him is the toe of a thick-soled Number Nine boot.

Of course, I know that one so morally deformed is no

less to be pitied than a physical cripple; but in our pitying, let us drop a tear, too, for the men who are striving to carry on a great enterprise, whose working hours are not limited by the whistle, and whose hair is fast turning white through the struggle to hold in line dowdy indifference, slipshod imbecility, and the heartless ingratitude which, but for their enterprise, would be both hungry and homeless.

Have I put the matter too strongly? Possibly I have; but when all the world has gone a-slumming I wish to speak a word of sympathy for the man who succeeds-the man who, against great odds, has directed the efforts of others, and having succeeded, finds there's nothing in it: nothing but bare board and clothes. I have carried a dinner pail and worked for day's wages, and I have also been an employer of labor, and I know there is something to be said on both sides. There is no excellence, perse, in poverty; rags are no recommendation; and all employers are not rapacious and high-handed, any more than all poor men are virtuous. My heart goes out to the man who does his work when the "boss" is away, as well as when he is at home. And the man who, when given a letter for

Garcia, quietly takes the missive, without asking any idiotic questions, and with no lurking intention of chucking it into the nearest sewer, or of doing aught else but deliver it, never gets "laid off" nor has to go on a strike for higher wages. Civilization is one long anxious search for just such individuals.

Anything such a man asks shall be granted. He is wanted in every city, town and village-in every office, shop, store and factory. The world cries out for such: he is needed and needed badly-the man who can "Carry a Message to Garcia."

So who will send a letter to Garcia ?

Elbert Hubbard

关于本书的赞誉

这是一本内容十分丰富的读物，我把这本书推荐给每个人。

——《华盛顿邮报》

这是一个关于一名军人通过自己的努力独立完成任务的故事。它被翻译成多种语言文字，并且成为成功的典范。

——《纽约时报》

世界上，能把信带给加西亚的人是很稀少的。很多人满足于平庸的现状，在推诿、偷懒、取巧中应付自己的生活，却并不知道：想要成功就必须选择生活而不是让生活选择你。对于每一个人来说，生活需要的不是问题，而是解决问题。

——《光明日报》

安德鲁·罗文通过他不畏艰险的敬业精神，影响并推动了一项事业的发展，正如许多公司中那些孜孜不倦、埋头苦干的领导者和员工一样，他们的敬业精神有力地推动了公司事业的发展。

——《南方都市报》

一本与“奶酪理论”截然不同，提倡“一盎司忠诚相当于一磅智慧”的小册子——《致加西亚的信》在上海悄悄走红，一些公司的老板纷纷将该书赠送给员工作为激励敬业精神的教材。

——《新民晚报》

我希望有一天早晨，在每个公司的员工桌子上，都会端端正正地摆上一本《致加西亚的信》，而不是《谁动了我的奶酪》。我希望借这本书，中国能够掀起一场关于诚信的讨论，这种热烈讨论的场面能够出现在每一家公司、商店以及每一个政府机构里。

——《中国经营报》

这本书最初是一位银行总裁推荐给我的，他曾要求他单位的所有雇员阅读它。我发现书中有许多概念正是我所需要的，于是也要求公司每一个新聘用的员工都要读这本书，并且加以讨论。

——斯坦银行总裁 拉尔夫·库米

我曾经把这本书推荐给我的一位下属，他在看完之后打电话询问我，是否有什么话想对他说的时候，我微笑着告诉他：没错，我想表达的意思很简单，那就是敬业和忠诚。

——卡里斯公司总裁 约翰·莫里森

因为有了安德鲁·罗文这位英雄，阿尔伯特·哈伯德才创作了不朽的名作《致加西亚的信》。让我们通过这部作品获取一种进取心，在这种追求中获得一种动力，即使我们自己付出再多的代价，就算是付出生命，为了国家也在所不惜。

——著名人力资源管理专家 哈里斯